精准定位

徐雄俊 著

中国商业出版社

图书在版编目（CIP）数据

精准定位 / 徐雄俊著. -- 北京：中国商业出版社，2024. 8. -- ISBN 978-7-5208-3026-3

Ⅰ．B848.4

中国国家版本馆 CIP 数据核字第 2024P3Z569 号

责任编辑：杨善红
策划编辑：刘万庆

中国商业出版社出版发行
（www.zgsycb.com 100053 北京广安门内报国寺 1 号）
总编室：010-63180647　编辑室：010-83118925
发行部：010-83120835/8286
新华书店经销
香河县宏润印刷有限公司印刷
＊
710 毫米 ×1000 毫米　16 开　15 印张　200 千字
2024 年 8 月第 1 版　2024 年 8 月第 1 次印刷
定价：88.00 元
＊＊＊＊
（如有印装质量问题可更换）

前言

真诚推荐您必读《精准定位》

首先在这里向大家毛遂自荐一下，我叫徐雄俊，也算是知名的战略定位专家，我已专注和实战定位近 20 年，从 2014 年创立九德定位咨询公司已有 10 年。

我曾在全球最顶尖的战略定位咨询公司特劳特工作过，也曾在中国本土最顶尖的营销咨询公司华与华公司工作过，我这个从业经历在行业内可能也是非常独特的。

近 20 年来我心无旁骛，已经服务了 150 多家企业的营销和定位，也是全国 100 多家权威媒体的战略定位评论专家，10 多年来我已累计发表了 200 多万字的关于品牌定位方面的观点和文章，这本《精准定位》书籍就是这 200 多万字的浓缩和升华。

本书融合了西方的定位理论，以及中国传统的"易儒释道法兵医史"思想精髓，同时结合特劳特、里斯、华与华三家精髓，加上我自己的生发，总结成"第一特性理论"，核心关键就是"通过抢占第一特性打造行业第一品牌"。我们九德定位已经协助了南孚电池、金牌厨柜、金彭三轮车、台铃电动车、蓝月亮、怡宝、方太厨电等众多知名品牌精准定位和成功打造强势品牌。

我先天出身贫寒、其貌不扬、天资愚钝、德薄福浅，于是我深知后天更要勤能补拙、笨鸟先飞、修行改命、进业修德。创业 10 多年来，我坚持

精准定位

每天早上5点多起床来学习、写作、工作和锻炼身体，没有也不敢有其他不良嗜好和兴趣，更不敢虚度光阴，努力把我更多的时间和精力专注聚焦到工作和事业上。未来我将继续坚持每天早上6—8点专门来读书和写作，专注"品牌定位"和"国学文化"两大专业的书籍研究写作，争取平均每2年必写一本书，争取到临终前也能做到著作等身。同时，这两年我也深刻感受到读书和写作就是我人生莫大的幸福和快乐。

定位祖师爷里斯、特劳特他们一辈子都在献身于"提出和建设定位理论"，我也会站在这些先辈巨人的肩膀上，一辈子献身研究和解决"如何精准定位"这个"老大难"问题。并尽可能纠正市面上很多做定位经常犯的教条主义和主观主义等错误，我会致力于不断走向精准定位，不断走向真理，这也是我毕生安身立命的使命所在。

目前国内大部分讲定位的书籍还主要是侧重讲"定位观念"，而我重点讲"精准定位"系统落地方法论，并致力于掌握特劳特、里斯、华与华等多家咨询方法精髓。同时，我不想炒别人的剩饭，除非确实有继承、发展、批判和创新。另外，我也坚定拒绝"假大空"和"正确的废话"，做到尽量不浪费读者的宝贵时间。期待我这本书能有幸成为您品牌精准定位的制胜宝典。

我写这本书尽量做到"战略要顶天，战术要落地"，从精准定位"道法术器"四个维度来阐述，力求严谨的理论体系和有效落地方法相结合，切忌"空谈误国"和"言之无物"，尽量做到"干货满满"和"诚意满满"。

《精准定位》第一个核心方法是"第一特性定位"，就是"第一特性打造第一品牌"，还有"天道战略""精准定位9字诀""打造第一品牌18步""精准定位4角分析""精准定位4大步骤""精准定位5大标准""精准定位6力模型""品类创新16大方法""营销胜败3大力量""精准定位9维思维""制定定位标准3大方法""品牌命名4大方法""定位广告语6大步骤""超级符号8大方法""定位公关6大原则""定位广告片5大标准"等。

做定位，关键是要精准，精准定位定天下。大到一个国家和城市，中到一个企业和品牌，小到任何一个生命个体都需要精准定位。一个品牌和一个人只有找到自己的精准定位，才能活得相对更有价值和更幸福一点。

所以，只有精准定位才能打造伟大品牌，只有精准定位才能真正提升品牌销量和利润。我希望能通过这本书来更精准有效地连接到全球更多志同道合的华人企业家客户和咨询合伙人战友。这本《精准定位》书籍最适合的读者有：企业家、创业者、企业中高层、市场营销和咨询人士、自媒体人员，以及所有希望精准定位和打造品牌的朋友。

我在这本书的行文里面都是把"你"写成"您"，我希望真诚用心对待生命中的每一个人，视您如己，心中有您，敬天爱人，爱您如同爱自己。这也是我人生一直坚守的一个重要价值观，也希望您能感受到我深切的爱和真诚。

精诚所至，金石为开；真感情，好文章。孔子评价《诗经》说："诗三百，思无邪"，庄子说："先有真人而后有真知"，我就是要努力保持做一个"思无邪"的真人，不断给大家提供一些真知灼见。

相信这本书绝不会让您失望，让我们在书中相会！

徐雄俊

2024年5月4日于上海

| 目 录 |

第一章　如何精准定位

01 精准定位成功规律和教训 / 2

02 精准定位 4 大步骤：界定品类、特性定位、热销、领导者 / 3

03 精准定位 4 角分析：行业品类、消费者、竞争、自身 / 7

04 精准定位 9 字诀：占品类、抢特性、争第一 / 22

05 精准定位一定要抢占第一特性 / 23

第二章　精准定位5大标准

01 精准定位研究分析 / 34

02 精准定位 5 大标准 / 38

第三章　如何做品类创新

01 为什么要做品类创新 / 60

02 品类创新 4 大路径 16 大方法 / 61

03 如何打造超级爆品 / 73

第四章　如何做定位广告语

01 如何做广告语？广告语 4 大原则 6 大步骤 / 78

02 如何做广告片？定位广告片 5 大标准 / 90

03 如何做宣传片？宣传片 10 大步骤 / 102

04 如何做定位传播 / 105

第五章　如何做超级符号

01 如何做视觉设计 / 110

02 什么是超级符号 / 115

03 如何做超级符号？超级符号 3 大路径 8 大方法 / 120

第六章　九德精准定位兵法

01 九德定位兵法道统 / 132

02 天道战略兵法 / 135

03 九德品牌制胜兵法 / 139

04 打造品牌的道法术器 / 140

05 超级品牌的 6 大标准 / 140

06 销售增长 6 大方法 / 142

07 打造品牌成功 4 大关键 / 143

08 定位落地 4 大要点 / 144

09 精准定位 9 维思维 / 145

10 决定营销胜败 3 大力量 / 147

11 精准定位 6 力模型 / 148

12 定位商战 4 大方法 / 149

13 定位 4 大方法和差异化 9 法 / 152

14 流量转化 4 大要点 5 大方法 / 155

15 广告传播没有效果 5 大原因 / 159

第七章　精准定位文章观点

01 打造品牌 6 大误区 / 162

02 定位运用 10 大误区 / 169

03 定位的精髓和本质 / 176

04 定位与中国传统文化精髓 / 184

05 心智如何产生神奇作用？/ 187

06 简析中国企业该如何定战略——以霸王凉茶惨败为例 / 189

07 中国企业要警惕品牌延伸的危害——以霸王凉茶惨败为例 / 192

第八章　九德精准定位成功案例

01 助力南孚电池成就电池王者 / 201

02 助力金牌厨柜从 6 亿元增加到 35 亿元 / 203

03 助力金彭三轮车从 30 亿元到 100 亿元 / 207

04 助力台铃电动车从 30 亿元到 180 亿元 / 209

05 助力江南贡泉和洞庭山泉打造江南水王 / 212

06 蓝月亮、怡宝、方太、远洋、充管家、鸡大哥、李家芝麻官等案例 / 214

后　记 / 228

第一章 如何精准定位

01 精准定位成功规律和教训

我们做任何事情一定要研究它的第一本质,马斯克叫第一性原理,研究动力背后的原动力是什么,抓本质我们就能够一下子抓住"牛鼻子",能够快速让很多复杂的问题变得更加简单,更加精准无误。

我们看全球的众多领导品牌,他们成功的规律和经验教训是什么?

可口可乐等于正宗可乐;星巴克等于咖啡领导者;特斯拉等于电动汽车;耐克等于运动服装;茅台等于国酒;格力等于空调;蓝月亮等于中国洗衣液领导品牌;百度等于中文搜索;淘宝等于购物网;微信等于即时通信;唯品会等于一家专门做特卖的网站;抖音等于短视频。

所以,我们发现这些品牌都是成功地与一个品类画等号了,这就是做品牌的第一要义。

奔驰除了与品类画等号之外,它还占据了一个强大的特性"尊贵",比方说"开宝马,坐奔驰,沃尔沃更安全"。然后,公牛等于安全插座;南孚等于更耐用的电池,南孚的广告语是:"电池要耐用,当然选南孚!"还有,王老吉等于下火的凉茶饮料;哈弗等于经济型SUV;东阿阿胶等于滋补国宝;鲁花等于更香的花生油;六个核桃等于健脑的核桃乳;农夫山泉等于天然健康水;汉庭等于更干净的商务酒店;美团等于更快的外卖。

大道至简,大道相通。我通过最简单、最本质的语言来总结精准定位成功的规律和经验教训,最核心的就是简单两句话:

第一,定位的终极目标是让品牌成为某个品类或特性的代表。

第二,成为品类代表的最佳途径是在心中占据最有价值的第一特性。

就是我总结的"徐雄俊精准定位九字诀:占品类、抢特性、争第一",

核心就是要抢占第一特性。

比方说，奔驰成为汽车领导品牌是因为抢占了汽车的第一特性"尊贵"；海飞丝成为洗发水的第一品牌，它抢占了洗发水的第一特性"去头屑"；高露洁抢占了牙膏的第一特性"防蛀"；云南白药抢占了白药第一特性"止血"；王老吉抢占了凉茶第一特性"下火"；六个核桃抢占了核桃乳第一特性"健脑"；农夫山泉抢占了饮用水第一特性"天然"；老板抢占了油烟机第一特性"大吸力"；公牛插座抢占了插座第一特性"安全"；南孚电池抢占了电池第一特性"耐用"；美团外卖抢占了外卖的第一特性就是"快"；等等。

02 精准定位4大步骤：界定品类、特性定位、热销、领导者

定位理论有三大最核心的贡献：第一，明确回答竞争终极战场在心智；第二，提出竞争的基本单位是品牌而非企业；第三，提出品牌是品类或特性的首选代表。

但是定位的漏洞是它在回答"如何成为品类代表？""如何成为行业的首选？"的根本问题上，依然缺乏精准的标准化的可高效执行落地的方法和步骤，需要把它变成非常标准的、有效的、非常犀利的可操作的步骤，于是，我精心总结精准定位4大步骤：界定品类、特性定位、热销定位和领导者定位。

我们经常看到市面上很多人做定位一般是四招，哪四招呢？

第一招，领导者定位；第二招，热销定位；第三招，专家定位；第四招，前面三招都用过了，不管用了，搞个更高端的，比方说，"更高端的电

动车""更高端的花生油"等很多很多"更高端",还有很多打"热销"和"领导者","领导者"满天飞,到处搞"热销",但这个不是定位的精髓和本质,我也相信它不是我们定位理论创始人特劳特和里斯先生的初衷,这只是一个定位最浅层的表象。

"精准定位4大步骤"最关键的核心是前面两大步骤,也是重点和难点,就是"界定品类"和"特性定位"。"界定品类"就是要找到最有价值的品类机会和确定心智品类,俗话说得好,"男怕选错行,女怕嫁错郎",就是选定您的赛道和品类,明确我等于什么?我是属于什么品类?我的赛道和战场是什么?"特性定位"就是要抢占这个品类的最有价值的特性关键词,当然最好是第一大特性,上面我讲了一大堆的第一特性,这才是精准定位的核心。

这个定位4大步骤有点像我们穿衣服。我们洗完澡首先要穿内裤、内衣对吧?如果没穿内衣、内裤,直接穿外套,就有点本末倒置了。您搞个"热销"和"领导者"很容易,但前提是要先界定品类,并且抢占这个品类的特性和痛点。

王老吉精准定位4大步骤

王老吉是定位第一案例,精准定位帮助他从1亿元做到200亿元,又帮助加多宝从0做到200亿元,王老吉和加多宝高峰期,它们两个品牌加在一起的销售额超过350亿元,也是影响全球的定位案例,那王老吉如何运用精准定位4大步骤而成功?

第一步,界定品类

加多宝公司原来是租用广药集团的王老吉红罐商标,其实那时候,加多宝除了做王老吉红罐凉茶之外,它还有红茶、绿茶、果汁、碳酸饮料、八宝粥等多个品类。面对这么多品类和产品,那定位公司如何去帮它聚焦和界定品类?

为什么首先要界定品类做聚焦,因为资源永远都是有限的,如果不能界定第一赛道和战场，您很难把所有的资源聚焦发力去打造"第一"，就像孙正义说的："如果你不能成为这个行业遥遥领先的第一，那么你失去利润是迟早的事情。"百度李彦宏也有句名言说："我不知道百度的战略是什么，我们的目标就是让百度成为中文搜索第一"，这句话就道出了做定位的第一件事情，就是要锁定某个品类并成为品类第一。当时加多宝有10多个产品，如何率先培养一个强大品牌，就像我们穷人家有10个孩子，我们就需要在中间挑一个孩子，把他培养上北大、清华、哈佛，就是让一部分人先富起来，如果平均发力，您的资源是永远不够的。

最终，2002年定位公司帮加多宝公司界定第一品类是凉茶，因为如果做红茶，它做不过康师傅冰红茶，做绿茶做不过统一绿茶，做碳酸饮料汽水肯定做不过可口可乐、百事可乐，做八宝粥肯定做不过银鹭、娃哈哈八宝粥，上面这些品类里面本身都有强大的竞争对手，王老吉凉茶红罐那时已做到1个多亿，能不能做到属于自己的品类第一呢？完全有机会，因为凉茶是中国上千年的国粹中草药，能清热解毒，它有机会打造成属于中国自己的畅销饮料大品类。这是定位第一步，就是锁定第一品类是凉茶。

第二步，特性定位

界定凉茶之后，那为什么要喝凉茶？就必须要找到喝凉茶的第一特性、第一痛点、第一需求，王老吉之前打的广告语是"健康家庭，永远相伴"，它是一句温柔的废话，没有任何的销售力，是正确的废话，那么定位公司帮它提出，为什么要喝王老吉凉茶？喝王老吉的特性定位"下火"，就是"怕上火，喝王老吉"。

第三步，热销定位

后来王老吉和加多宝一直在打"热销"，如"中国每卖10罐凉茶有7罐加多宝"，这是热销定位。

第四步，领导者定位

加多宝连续多年赞助了《中国好声音》，华少说"本节目由凉茶领导者加多宝独家赞助"，他一直重复加多宝是凉茶领导者。但是，这4大步骤关键的核心不是第三步和第四步,我请问一下:如果王老吉在 2002 年就说:"王老吉是凉茶的领导者",有人喝吗?没有,因为消费者关心的是我为什么要喝凉茶,喝凉茶的购买理由是什么?能帮我解决什么痛点?您是领导者,我就要购买吗?这个不是百分百地站在消费者角度思考问题,也不是定位的终极战略。所以,王老吉从 1 亿元做到 200 亿元,包括加多宝后来也是如此。

长城汽车精准定位 4 大步骤

长城汽车在十几年前的核心品类是皮卡,它已经在皮卡上做到中国第一,皮卡已经做了约 100 亿,但因为皮卡销量快速下滑,这个企业开始增长乏力。那么,在 10 多年前长城汽车如何重新定位呢?它发现它的品类战场必须要从原来的皮卡转向 SUV,SUV 是下一个风口,所以它开始界定核心品类战场是做家庭 SUV。然后,顾客为什么买这个家庭 SUV?它找到的特性定位是"经济型",售价是 10 万元到 15 万元之间。长城哈弗是不是这样成功的?因为 15 万元以上的 SUV 主要是外资合资品牌,长城哈弗卖不过它,然后它主要卖 10 万到 15 万元之间经济型 SUV,从而大获成功。

所以,长城汽车定位第一步就是界定家庭 SUV 品类,然后第二步,它的特性定位是"经济型",更便宜、更经济,当然现在它诉求"安全和动力",它的特性也在不断升级。如此,长城汽车销售额从 100 亿元做到 1700 亿元,年利润达到 100 多亿元,并曾成为中国民族车企的销量和利润的"双冠王",也创造了一个中国的定位传奇。

立白、公牛精准定位 4 大步骤

立白的老板是陈凯旋,面对宝洁和联合利华的强大竞争,立白精准定位第一步,界定的品类赛道洗衣粉;第二步特性定位就是"立刻洁白,不伤手",它请了陈佩斯做广告,立白的名字非常好,寓意是"立白、立白、立刻洁白,简称立白",然后打"热销定位"和"领导者定位",它后来请了定位公司帮它做的定位是"全国销量领先",这是之后的成功,因为立白之前已经占据了洗衣粉品类,并且它的特性是"立刻洁白,不伤手",立白后来不管怎么打"领导者定位"的广告,它的这个第一特性从来都没有丢掉。

我们后来服务了蓝月亮洗衣液,同样原理,蓝月亮等于洗衣液,立白等于洗衣粉,所以做精准定位的第一步就是要界定好品类。

20年前全国有很多家电企业都做插座,公牛锁定了核心品类是插座,和其他大而全的很多家电企业相比,公牛是插座专家,然后抢占插座的第一特性"安全",广告语是"公牛安全插座,保护电器保护人",所以,公牛插座最终成为插座的专家与领导者。

03 精准定位4角分析:行业品类、消费者、竞争、自身

如何做精准定位分析?如何做定位调研?

我们融合了多家之长,总结提炼了"精准定位4角分析"。

第一,从行业品类角度:符合行业的趋势和心智品类机会;

第二,从消费者心智角度:符合消费者心智第一大特性需求;

第三,从竞争角度:竞争对手不能占据或者很难占据;

第四,从自身角度:符合自身的优势,并有能力占据它。

总结一下,就是符合行业品类的趋势,抢占消费者第一大心智需求,对手不能占据或很难占据,然后我自身有能力占据它。就从这四个维度,不要讲很多,我们把四个维度都找准了,中间的交叉点就是我的最精准的定位。

精准定位

还是以王老吉凉茶为例，因为大家都知道王老吉，80岁老太太和3岁小朋友可能都喝过，我讲这个案例大家都明白。王老吉凉茶当时就是符合非常有趋势的饮料品类机会，并抢占了消费者喝凉茶的第一特性"下火"。然后，对手不能占据或很难占据，因为王老吉的对手主要是"两乐"，凉茶是中国中草药的国粹，"两乐"是美国文化。最后，它自身完全有能力占据，王老吉是传承1828年的王泽邦的凉茶始祖。所以，王老吉等于预防上火的凉茶饮料，它最核心的成功就是"界定品类+第一特性"。

那具体我们如何去做精准定位4角分析呢？

第一，行业品类分析

做精准定位分析，一定要从大的行业品类的分析着手，因为我们不是在真空中竞争，我们是在整个宇宙和行业里面做品牌。所以，我们首先要分析行业品类，"德鲁克三问"第一问是"我的客户是谁"，第二问是"我行业的本质是什么"，第三问就是"我给客户提供的独特的价值是什么"。这个第二问就是一定要把我的行业研究清楚，那怎么研究行业品类呢？

1. 研究整个行业的市场体量，目前体量是多少？以及未来的增长趋势如何？一定要找一个有增长趋势的品类，而且这个品类的市场体量不能太小，虽然刚开始它的体量不太大，但是未来的增长趋势必须是很大的也可以。

2. 研究行业品类的分化趋势，特别是针对一个成熟的品类，我们一定要研究这个行业品类的分化。比方说，饮用水行业，开始分化出纯净水、蒸馏水、矿泉水、山泉水、天然水、凉白开等。所以，针对这个品类分化趋势，加多宝的昆仑山占据雪山矿泉水，农夫山泉占据天然水，今麦郎占据凉白开。

3. 分析行业第一品牌的销售额是多少？这个行业是否形成"二元竞争"？所谓"二元竞争"就是行业的第一名和第二名加在一起的市场份额已经达到了50%以上，而且这两个领导者处于相对固定、旗鼓相当的相持阶段。如果这个行业已经形成了二元竞争，您最好不要轻易介入，特别是这个行业已形成非常牢固的"二元竞争",成功的机会就非常非常小。那有哪些"二元竞争"呢?比方说,中国的凉茶行业王老吉、加多宝"二元竞争",两个加在一起占据百分之七八十的份额;飞机行业有波音、空客;可乐领域有可口可乐、百事可乐。所以,如果您要去做凉茶就很难超越王老吉、加多宝,如果您要做可乐就很难去和"两乐"竞争。一般"大象打架,蚂蚁遭殃",就像王老吉和加多宝打架,曾经做到70亿元的第三名和其正最终也慢慢消亡了。同时,我们还要分析自己与第一品牌市场份额的对比,以及我们各自在整个行业品类的市场份额占比以及利润占比,就要做到《孙子兵法》说的"知己知彼,方能百战不殆"。然后,要研究"行业品类的心智资源地图",就是要研究在这个行业里面主要同行对手各自占据什么品类?占据什么特性?

第二,消费者分析

精准定位的首要任务就是要明确消费者,"革命的首要任务,首先要搞清楚谁是我们的敌人,谁是我们的朋友",这个朋友其实就是我们的消费者。

1. 界定我们的原点消费者人群,明确最核心的客户是谁,明确第一拨消费我们产品的客户人群。

2. 研究消费者需求的本质是什么?为什么买我们的产品?我们产品最大的使用价值是什么?比方说,喝饮。

喝水的本质是解渴;喝凉茶的本质是下火;用空调的本质是调节温度,夏天降温,冬天保暖。

3. 研究消费者选购产品的三大要素,比方说,消费者选购电动车的三大要素:第一是跑得远,第二是动力强,第三是外观美观。

4. 研究消费者选购产品三大痛点,一般选购要素与痛点经常是吻合的,如果刚好吻合,就能进一步论证这个消费者心智的研究是非常精准有效的。然后从三大痛点里面,找出消费者心智的第一痛点和第一特性。比方说,油烟机的第一痛点就是油烟吸不干净、吸力太小,所以,老板油烟机的定位就是抢占这个第一痛点，再把它上升到第一特性叫"大吸力"。

第三，竞争格局分析

1. 研究核心对手的品牌名字，名字很重要，如果您的名字与对手相去甚远，这也是很大的一个竞争劣势。

2. 研究对手的定位是什么，以及对手的广告语，对手在消费者心智中最大的优势和劣势，并且它强势中固有的弱点是什么，"打蛇打七寸"。

比方说，王老吉2002年做定位，它把对手界定成可口可乐，喝可口可乐吸引用户最大的优势是能够激情和兴奋。但是，可乐是西方饮料的美国文化代表，所以，它强势而固有的弱点就是它不能代表中国的中草药文化，它是西药，它原来是从西药房出来的一个治疗神经性头痛的药水，然后，变成一个能够提神醒脑的饮料，攻其不可守，王老吉是能够下火的中草药凉茶饮料，王老吉针对竞争格局来攻击对手强势中固有的弱势。再比方说，百事可乐找到对手可口可乐强势中固有的劣势，重新定位可口可乐是"老一辈人喝的可乐"，百事可乐是"新一代的选择"。

第四，自身分析

自身分析很简单，就是我们常规所说的SWOT分析，我们自身的优势、劣势、机会、威胁，并重点研究消费者心智对我最大的优势和劣势，分析我这个品牌在消费者大脑当中的心智画像，我等于什么？消费者对我的优势认知评价是什么？对我的投诉或者劣势认知是什么？

我们行业内有一个"定位三角工具"，我提出的"精准定位4角分析"就是结合行业的"定位三角工具"，然后把行业品类分析加进去而形成，也是融合特劳特定位、里斯品类战略，以及中国本土的华与华、路长全、叶茂中等各家精髓而得出这个精准定位4角分析。

"定位三角工具"就是从消费者、竞争、自身三个维度研究定位。

消费者维度分析，这个定位是否符合顾客心智最大需求，富有价值，值得占据。我们要做原点人群界定，研究需求本质、消费者痛点、购买模式、产品的认知情况、购买影响因素以及对各个品牌的认知评价。

竞争维度分析，这个定位是否在心智中被对手占据或者很难占据，使我们有机会占据。要分析竞争对手的现状以及优劣势，然后对手在消费者心智中的认知和地位。

自身维度分析，真正符合我们自己，最有能力占据它。我们品牌的认知优势和劣势，这跟"精准定位4角分析"当中的消费者、竞争、自身三个是息息相关的，但这三个维度里面它就缺了一个"行业品类"维度，缺了"行业品类"往往就会导致没有把行业品类研究清楚，您做定位肯定会出现认知盲点，或者容易出现不正确的、不精准的定位，最终会误入歧途。

王老吉精准定位4角分析

"怕上火，喝王老吉"这个定位被称为中国定位界第一案例，创造了整个中国民族品牌的神话，王老吉和加多宝这两个品牌的销售高峰期能达到350亿元，超越了可口可乐，王老吉曾经被称为中国第一商标，市值1080亿元，王老吉如何运用"定位4角分析"做出这个精准定位？

第一，行业品类分析，是否符合行业品类趋势和心智品类机会？

王老吉"预防上火的饮料"定位是否有心智品类的机会？是否符合行业发展趋势？虽然凉茶饮料在那时候非常小众，但是中国人喝凉茶的历史可能已经有2000年，2000年之后可能还会有，然后它从凉茶铺到凉茶机饮料，也是符合这几十年整个饮料的发展趋势和心智品类机会。

第二，消费者心智分析，是否符合消费者心智第一特性需求？

我们中国人对"上火"的概念比较清晰，古以有之，这个心智认知可能已经有近5000年，并且中国的中医里面就有"下火"这个概念。消费者广泛存在预防上火的巨大需求，不管是男女老少，还是东西南北，以及全国各地的消费者基本都会有这个认知基础，根本就不需要教育，这个知识已经被老祖宗教育了5000年。在广东、广西这两地本身就有喝凉茶清热解毒的习惯，王老吉2002年做凉茶的时候它本身是凉茶铺，并且还有黄振龙、邓老等很多类似的凉茶铺。"下火"和"防上火"是罐装王老吉目前有

精准定位

一亿多元销售额非常重要的购买动机，特别是餐饮渠道，它本身在全国已经有了一亿多元的销售额，以及在温州也卖得不错，消费者心智对它已经有"下火"的初步认知。

第三，竞争格局分析，竞争对手能否占据或者很难占据？

王老吉的对手主要是"两乐"，包括其他的饮料，没有饮料竞争对手在诉求预防上火，其他饮料进入预防上火存在认知障碍，对保健功能的研发难度大，它很难站得住脚。"两乐"是西药房里可提神醒脑药水，它不可能也做不到"下火"，而中国是中草药的鼻祖。其他的凉茶对手存在渠道网络、企业资源等障碍，进入饮料渠道有难度，黄振龙等其他凉茶对手主要是在街边做传统凉茶铺，无法进入超市和便利店这种快消品的渠道。

第四，自身分析，是否符合自身的优势并有能力占据它？

王老吉祖传秘方能清热解毒的功效已经得到了100多年的印证，王老吉是凉茶始祖王泽邦于清朝道光年间开创。罐装王老吉预防上火的功效是可信的，传统的包装，喝起来有淡淡的中草药味道，这是有效的支撑点。王老吉有比较好的餐饮渠道消费基础，在广东和温州的餐饮陈列柜和冰箱里面都有在销售。

六个核桃精准定位4角分析

六个核桃如何通过"定位4角分析"做出这个定位，同样再创造饮料行业的传奇？六个核桃如何打造核桃乳第一品牌？

我有幸在十几年前参与服务过六个核桃的精准定位案例，六个核桃2009年定位成"健脑的核桃乳饮料"，高峰期一年销售额达到150亿元，我们有一句话叫"南有王老吉，北有六个核桃"，六个核桃也成为继王老吉之后的中国饮料的又一奇迹，一个单品从3亿元做到150亿元是非常了不起的。

第一，行业品类分析，是否符合行业品类趋势和心智品类机会？

以前的传统饮料可乐、果汁、冰红茶等都是有添加剂的，核桃乳是属于植物蛋白饮料，它更加健康、天然、保健。那时候做得好的植物蛋白饮料当中，南方有海南椰树椰汁，北方有河北承德露露杏仁露，核桃乳就是未来行业品类的发展大趋势，也是未来植物蛋白饮料中必然分化的新品类。

第二，消费者心智分析，是否符合消费者心智第一特性需求？

消费者心智认为核桃的价格比较贵，是营养价值比较高的坚果。核桃似人脑，我们说吃什么补什么，吃核桃补大脑，吃核桃有健脑益智功效，某些对药食同源有研究的消费者就知道喝核桃乳有利于健脑。很多老百姓会认为核桃比较适合中老年人和小孩，中老年人记忆力衰退，容易患老年痴呆症，小孩需要上学读书，《本草纲目》等中草药典籍也有相关记载。

那时六个核桃公司叫养元，在河北衡水，它实际上已经注册了"六个核桃""七个核桃""九个核桃"等相似商标，但为什么"六个核桃"卖得最好呢？首先是因为老百姓认为"每天吃五到六个核桃有益补肾健脑"，这就是我们要取"六个核桃"品牌名的重要原因。其次是因为六个核桃在北方那时候是用来送礼，送给孩子的，一箱一箱地购买，所以"六个核桃，六六大顺"，本来在市面上六个核桃、七个核桃、八个核桃、九个核桃都有在卖，最终卖得最好的事实证明就是六个核桃，这完全符合消费者的心智认知。

中国古代有多部药典都有记载核桃养神补脑的功效，现代医学也认为核桃可以延缓大脑衰老，核桃中的磷脂对脑神经有良好的保健功效。另外，核桃在国外被称为益智果和长寿果，核桃直接吃是不方便的，可以直接喝就非常方便，我们小时候吃核桃经常是用锤子把它给砸开，或者用门把它压碎。

第三，竞争格局分析，竞争对手能否占据或者很难占据？

其他的植物蛋白饮料都在诉求什么？露露在诉求"喝露露，真滋润"，它那时候请许晴代言，椰树诉求"白嫩丰满"，现在请大胸美女徐冬冬代言，广告语"喝椰树椰汁，从小喝到大"，暗示女性的胸部从小喝到大，银鹭诉求"白里透红"，所以它们的诉求都与健脑无关。核桃乳饮料的品类还处在初创期，竞争相对较小，并没有出现领导品牌，核桃乳饮料的先行者大寨核桃露没有任何定位诉求，其实那时做核桃乳的开创者是山西的大寨，但是它没有做好定位，它的品牌名字也没有取好。

那六个核桃里面到底有几个核桃呢？这也是六个核桃成功的微妙之处，好的品牌名字就成功了一半，所以，很多消费者以为六个核桃里面真的有六个核桃，就赶快花钱买了，那至于六个核桃里面到底有几个核桃呢？你们自己猜，这是秘密，认知大于事实，比方说，老婆饼里面有老婆吗？我们天天喝农夫山泉，农夫山泉真的是山泉水吗？品牌背后没有真相，只有消费者认知。

第四，自身分析，这个定位我们自身是否有能力占据？

养元是核桃乳行业的标准起草单位，是专业做核桃乳的生产企业，养元的"元"本身就有首脑、头脑的意思，养元就是为"头脑提供滋养"，其命名有传统中医关于养元气的保健和联想。六个核桃的品牌命名直接占据核桃乳品类的心智关联，比方说，椰树做椰汁，百果园做水果，蒙牛做牛奶，周黑鸭做鸭脖，六个核桃做核桃乳，它的品牌名字直接跟品类相关联和画等号。

2009年我们帮养元做定位的时候，它已经在河北、河南和山东三省出现了初步送礼的热销，成为核桃乳的代名词和领导品牌，那时销售额已有两三亿元。2008年牛奶行业出现"三聚氰胺事件"，很多家长就不敢买牛奶了，六个核桃反而赢得老天爷赐的好运气，很多人就开始购买六个核桃，因为它更安全、更健康，这是六个核桃真正爆火的一个很好的契机，在"三聚氰胺事件"后，六个核桃在华北出现热销送礼现象，取代了牛奶的空缺。

核桃在全国人民的心智中有健脑的认知共识，由核桃制成的核桃乳也应该具备健脑的认知，能够真正做到和有能力占据，六个核桃的健脑核桃乳完全符合消费者的最大需求。同时，对手没有占据，不管是牛奶，还是其他的植物蛋白饮料对手露露杏仁露、银鹭花生牛奶、椰树椰汁，以及其他的核桃乳对手等都没有诉求和抢占这个健脑特性定位。

老板油烟机精准定位4角分析

我研究品牌必须穷尽和刨根问底，为了让大家更加深刻和全面地学会我总结的"精准定位4角分析"工具，我再和大家简单剖析一下老板大吸力油烟机的"精准定位4角分析"。2012年老板电器通过"大吸力油烟机"成为全球油烟机领先品牌，销售从30亿元增加到100亿元。

第一，行业品类分析，是否符合行业品类趋势和心智品类机会？

油烟机符合行业增长趋势，油烟机成为整个厨房电器中具有核心战略牵引的第一大品类，油烟机是厨房电器的灵魂，占据油烟机品类就可以更加高效地掌控和拉动整个厨房电器大品类。

第二，消费者心智分析，是否符合消费者心智第一特性需求？

中国人的厨房油烟味相对比较重，很多人反映"炒辣椒菜时辛辣呛鼻难受"。在针对消费者的定性和定量调研后得出：消费者购买吸油烟机的时候，非常关注"吸力"问题，"吸排效果"排在所有指标最前面，"吸力大、吸得干净"占比57%，"吸力大不大"是选购吸油烟机时的第一价值属性，"油烟总是吸不干净"是最大的痛点。

第三，竞争格局分析，竞争对手能否占据或者很难占据？

方太定位成"中国高端厨电专家与领导者"，主要定义高端厨电品类，没有强化吸油烟机认知，主要讲外观设计高端，没有明确突出某个特性；西门子品牌大而全，在推"整体家电""整体厨电"，产品诉求"自动清洗"。樱花在诉求"送油网"，强调"服务好"；华帝强势在燃气灶，吸油烟机定位"自动清洁"，后来又诉求"高端智能"。帅康陷入品牌延伸和多元化的大危机；有小品牌在讲"大吸力"问题，但没有上升到战略高度，也没有大传播，没有进入消费者心智，几乎没有任何一家厨电厂家从战略层面上重视"大吸力"。

第四，自身分析，是否符合自身的优势并有能力占据它？

精准定位

老板电器1979年诞生，是中国生产吸油烟机历史最悠久的企业；和对手相比，老板吸油烟机的"品质好、吸力强"的认知优势本身就比较强；老板电器自身具备技术实力抢占"大吸力"这一定位。早在2008年，老板电器就推出过中国第一台17立方米/分钟大风量的大吸力吸油烟机，只是没有上升到战略。

以上我们通过上面三大定位经典案例，来演绎和论证"精准定位4角分析"，您学会了吗？

丰蓝1号电池精准定位4角分析

我们继续来看一下我们九德定位服务的"精准定位4角分析"的几个案例。

首先看南孚的丰蓝1号电池案例，我们如何通过这个"精准定位4角分析"定位成"高温下更耐用的专业燃气灶电池"，定位广告语是："燃气灶电池，用丰蓝1号，高温下更耐用"，协助丰蓝1号成功开创燃气灶电池新品类，成为定位界开创新品类的成功典范。

第一，行业品类分析，是否符合行业发展趋势和新品类机会？

1号电池以前主要用在手电筒，手电筒现在已经都被手机替代了，1号电池60%以上主要用在燃气灶，随着燃气灶的大量普及，燃气灶电池市场容量潜力巨大，燃气灶电池每年以15%以上速度高速增长，但是，市面上没有专业燃气灶电池，消费者只能被迫使用普通1号电池，燃气灶电池品类完全处于"有品类，无品牌"的品类空白期，燃气灶电池完全符合行业发展趋势和新品类机会。

第二，消费者心智分析，是否符合消费者心智第一特性需求？

我们研究发现消费者买这个燃气灶电池，第一特性就是希望电池使用时间长，因为燃气灶电池一旦没电而点不了火再去买电池就很麻烦，所以希望使用时间长，最好是一年不用换。消费者使用燃气灶电池最大痛点，是经常要换电池很麻烦，普通的1号电池一两个月就没电了。

消费者认为燃气灶电池和普通电池最大区别就是燃气灶里面特别高温，一般的普通电池电量很容易衰竭，它需要更加耐高温。80%的消费者都反映说现在电池没有出现漏液问题，因为它之前做定位是"丰蓝防漏电池"，后来我们调研发现20年前有漏液问题，但是现在技术已非常成熟，90%的电池都能做到不漏液了。

第三，竞争格局分析，竞争对手能否占据或者很难占据？

南孚1号电池的对手主要有双鹿电池、GP超霸、华太、白象、555、长虹等，1号电池和燃气灶电池品类还没有形成全国性的大品牌，因为那时候南孚在5号、7号电池是处在领先地位的，但是1号电池占的市场份额非常非常低。然后，"高温下更耐用的"专业燃气灶电池在心智和物理两个市场上都没有被对手占据，南孚属于抢先占位。

第四，自身分析，是否符合自身的优势并有能力占据它？

南孚企业是中国家用电池领导品牌，它完全有能力占据"高温下更耐用"专业燃气灶电池这个定位，南孚电池等于最耐用的电池，加上红色聚能环，丰蓝1号在科技和实际用户消费体验上都能做到比一般对手更耐用或者企业可以通过运营和传播来强化这个优势，占据这个定位。

所以，丰蓝1号从行业品类的机会，消费者心智、竞争对手、自身成为开创燃气灶电池新品类，定位成"高温下更耐用的专业燃气灶电池"，占据的品类是专业燃气灶电池，第一特性是"高温下更耐用"，从而基本上从零开创了燃气灶电池新品类。

金牌厨柜精准定位4角分析

我们再看一下金牌厨柜，它如何通过这个"精准定位4角分析"，定位成"金牌厨柜，更专业的高端厨柜"，以及"环保的厨柜，用金牌厨柜"，成功打造中国专业厨柜第一品牌，成为中国厨柜行业上市第一股。

第一，行业品类分析，是否符合行业品类趋势和心智品类机会？

我们从2016年开始服务金牌厨柜，房地产和厨柜行业还处在高峰发展

精准定位

期，厨柜行业的主要领导品牌是欧派、志邦、博洛尼、我乐，中国厨柜行业目前的市场体量在1000亿元左右，并以10%以上速度高速增长，未来中国厨柜市场体量将达到3000亿元左右，但是领导品牌欧派的份额大概只有50亿元，并且欧派开始做全屋定制，它没有牢牢占据厨柜品类。所以"专业厨柜"符合行业品类发展趋势和心智品类机会。

第二，消费者心智分析，是否符合消费者心智第一特性需求？

消费者心智中非常需要购买专业的厨柜，比方说买空调，选"格力造"更专业，很多消费者反映"都是全屋定制而没有差异化"和"厨柜的甲醛问题严重"，随着人民生活水平的提升，中高端消费者非常需要"更专业的高端厨柜"，并非常关心厨柜的环保问题。

第三，对手竞争分析，竞争对手能否占据或者很难占据？

中国厨柜市场从初创期走向排序期，行业竞争格局未定，天下乾坤未定，欧派、志邦、金牌、我乐等，行业前五名销售额加在一起不到100亿元，前五大品牌占据中国厨柜市场份额才10%左右，领导品牌欧派和几乎所有的厨柜同行企业都在搞全屋定制，领导品牌欧派在犯错误，刚好就是我们的机会，全国还有1000多个做厨柜的小品牌、小厂家、小作坊相对不够专业、不环保，金牌可以收割小品牌。

第四，自身分析，是否符合自身的优势并有能力占据它？

金牌厨柜18年来主要专注于做厨柜，金牌厨柜给消费者和社会的心智是"厨柜专业派、技术派，产品很专业、品质很好、服务好"，金牌厨柜拥有"九大专业优势"可以支撑其更专业定位，是房地产500强首选厨柜品牌。金牌在电商领域已经做到厨柜品类的冠军，而在线下门店打不过欧派就在线上打。另外，金牌已经开始热销中国，以及在美国和迪拜等发达国家开店，能够支撑其定位和信任状。所以，厨柜行业发展呈现"大而全"和"专而精"的两大对立发展趋势，金牌厨柜就是专注聚焦做单一厨柜，"专而精"。

金牌厨柜占据的核心定位是"更专业高端厨柜"，但具体的第一定位特性占据的是"环保"，因为我们调研发现中高端人士买厨柜最关心的是"环保"问题，厨柜的板材里有很多胶水，厨柜与食物和锅碗瓢盆直接接触，特别是小孩子和老年人都需要"更环保的厨柜"。所以，我们帮金牌制定的的定位特性广告语是"环保的厨柜，用金牌厨柜"。

金牌厨柜从6亿元做到现在的接近40亿元，刚好抓住了房地产行业从2016年到2019年这四年的高速发展机会，因为2020年之后整个房产行业下行导致厨柜行业不景气，不然，金牌厨柜现在的销售额肯定是在100亿元以上。

总结一下，我们服务的定位成功案例，不管是南孚电池"电池要耐用，当然选南孚""燃气灶电池，用丰蓝1号，高温下更耐用"，还是"金牌厨柜，更专业的高端厨柜""金彭，全球电动三轮车领导者，结实耐用；使用寿命是普通三轮车的两倍""台铃，跑得更远的电动车，中国三大电动车品牌之一"等成功案例，我们都是通过上面这个"精准定位4角分析"核心工具来做系统精准定位，您学会了吗？

重新定位3大检验工具

我们通过"精准定位4角分析"工具来分析得出您的定位，在这里给大家提供一个简单高效又有杀伤力的"重新定位3大检验工具"，我们九德服务了很多客户，有时也敢承诺，或者是我们有信心、有能力去协助客户快速提升品牌销量，我们成功的核心关键在于定位是否精准，同时也要看是否符合天时、地利、人和。

第一，这个定位是否能稳固老市场的现有销量？

第二，这个定位是否利于扩大新市场的销售？

第三，这个定位是否利于构筑竞争壁垒？

还是看一下王老吉"预防上火的凉茶饮料"重新定位检验，首先，它肯定可以稳固餐饮渠道等老市场销量。然后，有利于扩大新市场，它能够把下火的这个从凉茶铺变成一个南北通喝、老少皆宜的凉茶饮料，所以，王老吉就从"两广"成为南北同饮的大饮料。

六个核桃重新定位成"健脑核桃乳饮料"也是一样，它首先能稳固它华北三省的饮料市场，然后利于扩大新市场，所有中国人都有健脑的需求，也完全可以卖到国外去。最后，肯定利于与可口可乐、王老吉等对手构筑强大的竞争壁垒。

再比方说，我们2018年帮台铃电动车做出"台铃，跑得更远的电动车"的精准定位，首先，它可以稳固华南的广东、广西、云南、海南等老市场销量。然后，大大有利于扩大台铃在全国的电动车新市场销售，因为全中国的人买电动车第一需求、第一痛点就是要跑得更远。最后，绝对有利于与对手构筑强大竞争壁垒，雅迪是"更高端"，爱玛是"更时尚"，台铃占据的独特定位关键词是"跑得更远"。

预期定位检验4大标准

那做完这个定位，这个定位是否精准有效？是否真的能快速提升品牌销量和利润？

我们也总结一个预期定位检验的4大标准，检验这个定位和广告语是否精准？

第一，传播性。是否简明有力、易传播，容易快速进入心智？

最终这个定位成果就是定位广告语，比如"怕上火，喝王老吉"这7个字绝对易于传播。

第二，持久性。这个定位广告语是否容易长期构筑心智壁垒，积累品牌资产？

第三，促销性。这个广告语它能够发出一个销售的指令，切中和唤起消费者的痛点和心智能量，快速地引爆销售。

第四，独特性。符合非买不可的和买我不买它的购买理由，就是独特的销售主张。

所以，好的定位广告语完全符合传播性、持久性、促销性、独特性。

"美团外卖，送啥都快"8个字，还有"爱干净，住汉庭""台铃，跑得更远的电动车"等经典广告语都非常具有传播性、持久性、促销性、独特性。它完全符合这个定位预期检验的4大标准。

精准定位后的8重检验

另外，我们也总结了精准定位后的8重检验，我们一直倡导精准定位，那如何精准定位，我们除了总结一套精准定位的方法论体系，同时还有一套精准定位的检验标准体系。这样，我们才能真正最大限度地保证为客户做的定位方案精准有效，能够真正快速帮助企业提升销量利润。

1. 消费者检验。这个定位广告语能否打动消费者购买，让消费者相信、喜欢、购买，这是最直接的检验标准，如果您的广告语不能打动消费者，那就是无效的，就是"耍流氓"，就是劳民伤财。

2. 经销商检验。这个定位广告语能够拉动经销商合作，让经销商喜欢您、积极合作，不管老的经销商还是新的经销商都愿意跟您走，愿意跟您持续地合作，帮您一起努力卖货和赚钱。

3. 业务员检验。这个定位广告语能够指导业务员卖货，我们的业务员听到这个定位和广告语之后有指向性、有战斗力，能直接拿来作为最有杀伤力的战斗口号来销售和招商。

4. 中高层检验。这个定位广告语能让中高层统一思想，我们的中高层有方向、有向心力、有战斗力，做到万众一心，上下同欲者胜。

5. 竞争对手检验。竞争对手听到这个定位广告语后想抽你，竞争对手非常不高兴，那么您这个定位肯定是"让爱你的人更爱你，让恨你的人更恨你"。比方说"怕上火，喝王老吉"，消费者检验肯定是喜欢，经销商也喜欢，销售员有指向性，中高层有战斗力，但是它的对手加多宝以及可口可乐肯定不喜欢，听到这个广告语想打它大嘴巴子。

6. 资本市场检验。好的定位能够获得资本和社会的认可，就能够好融资、好上市，市值自然高。比如，王老吉的市值高达1080亿元，农夫山泉的市值达5000亿元港币，所以农夫山泉的老板钟睒睒成为亚洲首富。

7. 法务检验。很多定位和广告语最终都要通过法务和相关部门检验，或者做法务微调。

8. 试销检验。市场是检验真理的唯一标准，最后，我们也建议要学史玉柱，您万一对这个定位不放心，也可以先试销试点半年再复制放大。

04 精准定位9字诀：占品类、抢特性、争第一

定位系列的书籍有20多本，打造品牌的书籍更是"汗牛充栋"，关键是看我们能否善于总结提炼其核心战略战术的方法步骤，我精心总结的徐雄俊精准定位9字诀"占品类、抢特性、争第一"，占据一个最有价值的趋势性品类，然后在心智中抢占第一特性，成为某个品类或特性的第一品牌。那到底为什么首先要占据品类？为什么要抢占特性？为什么最终要成为第一呢？

举例，海底捞的成功就是占据了一个价值的趋势性品类——"火锅"，火锅是餐饮里面最容易做标准化的品类，非常大的品类，然后抢占特性，做火锅餐饮有一个很大的痛点是"服务要好"，所以，海底捞抢占特性就是"服务"，然后它成为"服务更好的火锅的第一"，也成为"火锅品类的第一品牌"。

所以，这个"精准定位9字诀"与上面讲到的"精准定位4大步骤"是完全相通的。比方说，加多宝＝下火特性定位＋凉茶领导者；农夫山泉＝天然特性定位＋饮用水领导者；南孚电池＝耐用特性定位＋家用电池领导者；海底捞火锅＝服务特性定位＋中式火锅领导者；老板油烟机＝大吸力特性定位＋油烟机领导者；汉庭酒店＝干净特性定位＋经济型商务连锁酒店领导者；美团外卖＝快特性定位＋外卖领导者。是不是这样？这就是我

们总结的最精准、最简单、最有杀伤力的一个品牌从 0 到 1，从 1 到 100 品牌精准定位原理，精准定位真正成功的精髓实际上就这么多，我们易经讲"三易"：不易、变易、简易，这就是大道至简、大道相通。

05 精准定位一定要抢占第一特性

那精准定位为什么一定要抢占第一特性？因为有 6 大核心原因：

1. 第一特性造就第一品牌。
2. 第一特性是消费者最大心智需求。
3. 第一特性往往也是消费者最大痛点。
4. 特性是领导品牌战略制高点，丧失第一特性也会丧失领导地位。
5. 只有第一特性才能真正极致高效地做内外部运营配称。
6. 只有第一特性才能更好地积累品牌资产和构筑竞争壁垒。

还是以王老吉为例，第一特性就是"下火"，是我们吃火锅、吃川香辣菜的第一需求，同时也是我们吃火锅怕上火，怕嘴巴起泡、口腔溃疡的痛点，往往第一特性跟第一痛点大部分是重合的。特性是领导品牌的战略制高点，丧失第一特性就会把"第一把交椅"拱手让给您的对手。

拥有第一特性才能真正做好内外部的运营配称，我经常说，如果您做品牌战略，建立好您的品类之后，如果抢占了第一特性，那您的战略 90% 的问题全部都解决了。比方说，公牛插座抢占的第一特性是"安全"，您所有战略运营配称都以"安全"为主；美团外卖抢占的外卖第一特性是"快"，它所有的战略配称、运营、管理、文化都是围绕"快"去做。反之，如果没有抢占这个第一特性，您的管理是很混乱的，您的效率是很低的。

只有占据第一特性才能更好地累积品牌资产和构建竞争壁垒，老板油烟机通过"大吸力"特性，公牛插座通过"安全"特性，美团外卖通过

"快"特性，南孚电池通过"耐用"特性构建它的竞争壁垒，京东通过"送货快"特性构建了竞争壁垒，打造了强势品牌。

高露洁 VS 佳洁士争夺牙膏第一大特性"防蛀"

高露洁如何打败佳洁士成为牙膏的第一品牌？因为高露洁率先抢占了牙膏的第一特性"防蛀"，原来美国的牙膏第一品牌是宝洁的佳洁士，佳洁士牙膏在美国也是抢占了"防蛀"特性，高露洁在美国被佳洁士打得抬不起头，它就率先来到中国同样抢占了"防蛀"特性，小时候我们都听过高露洁的广告语是"高露洁的目标是没有蛀牙"，连小朋友都知道。所以，它们两个都在抢"防蛀"特性，但是在中国市场，然后在全球范围，高露洁逐渐不断抢占和稳固的第一特性就是"防蛀"，"防蛀"就是我们刷牙的第一本质、第一特性，高露洁也就成为全球牙膏第一品牌。

海飞丝 VS 清扬争夺洗发水第一特性"去屑"

海飞丝如何成为洗发水第一品牌？因为海飞丝抢占了洗发水的第一大特性和痛点就是"去屑"，所以海飞丝的广告语是"去头屑，用海飞丝"，"去屑被肯定，当然海飞丝"，海飞丝是属于宝洁的，清扬是属于联合利华的，它们两个是全球日化的竞争对头，清扬曾经也去抢占"男士去屑用清扬"获得了一定的成功，但是很可惜，它没有坚持下去，后来又搞"大清扬"，什么都做，所以清扬这个品牌就不断变得平庸了。

王老吉 VS 加多宝争夺凉茶第一特性"下火"

为什么王老吉和加多宝都要抢占"下火"特性？上火了，到底是喝王老吉，还是喝加多宝呢？其实上火了，既可以喝王老吉，也可以喝加多宝，因为它们两个都在抢占凉茶的第一特性、第一痛点、第一本质就是"下火"，它们两位如果谁放弃了第一特性"下火"，或者它们两个谁一不留神，丧失了这个特性，谁就等于把喝凉茶的"第一把交椅"领导地位拱手让给对手，只能做老二。

所以，它们两个都说："怕上火，喝王老吉""怕上火，喝加多宝"。大道至简，这是非常核心和有杀伤力的定位原理，您学会了就能马上为您的品牌造福。在任何行业，第一品牌吃肉，第二品牌喝汤，那第三品牌之后的喝什么？通常只能喝西北风了。当然，现在王老吉、加多宝它们两个各有优势，王老吉的强势在心智认知，加多宝的强势在渠道，都是"下火"凉茶的代表。

老板VS方太争夺油烟机第一特性"大吸力"

老板如何超越方太成为全球油烟机第一品牌？方太2009年做的定位是"方太，中国高端厨电专家领导者"，后来优化成"方太，高端厨电领导者"，它通过这个定位打败了西门子，但是也出现了两大漏洞，犯了两大致命错误。第一个，它占据的品类是厨电；第二个，它没有抢占油烟机的第一大特性。后来2012年老板电器做的定位是"老板大吸力油烟机"，老板明确占据的品类是油烟机，抢占的第一痛点、第一特性就是"吸力大"。

因为厨电是一个抽象的伪品类，比方说，如果让您去买个厨电，您能买到吗？所以，厨电不是一个非常具体、精准明确的品类，在厨电这么多件产品里面，油烟机是它的第一大战略性品类和战略制高点。老板就明确提出我是油烟机，之前方太也有说油烟机，但是它没有明确抢占住，就给了老板机会，然后它占据了"大吸力"。所以，老板在油烟品类就不断反超了方太，现在方太和老板已经是中国油烟机的二元领导者，我们自己也有幸服务方太，也给方太建议："首先，方太必须也要抢占油烟机品类；其次，方太同样也要抢这个第一特性'吸力大'。"所以，老板说"大吸力油烟机"，方太说"方太油烟机四面八方不跑烟"，而且我们也和方太建议说"吸得干净是硬道理！"，现在方太一年销售额已经达到150亿元，老板的营业额在100亿元左右，但是在油烟机板块，老板还是稍微强势一点。

老板如何做出"大吸力油烟机"精准定位？如何找到"大吸力"特性定位？当然现在我们是"事后诸葛亮"，但是您在做出一个伟大战略之前，

精准定位

要得出这个定位是非常不易的。因为老板电器通过系统定位调研："消费者买油烟机过程当中比较关心要素"，结果显示57%的人选的是吸力大、吸得干净，29%的人选的是清洗方便，然后9%是噪声小，3%是节能环保。那么请问如果您来做这个油烟机的定位，您对这个特性打什么？很显然我们要抢占"吸力大、吸得干净"，所以，老板抢占的油烟机特性是"大吸力"。然后针对痛点的第二个调研：您在使用油烟机过程当中，遇到最大的问题是什么？85%的人都反映"炒辣菜的时候油烟吸不干净，油烟味太大"，所以一定要抢占"吸力大"，满足"吸不干净、吸力小"这个痛点。最终老板通过第一特性"吸力大"，成为油烟机第一品牌。

我们必须思考您所在的行业品类，消费者最关心的第一痛点是什么？如果这个第一痛点您的对手没有抢占，那么恭喜您，您就有机会打造行业的第一品牌，第一特性打造第一品牌。

南孚VS金霸王争夺家用电池第一特性"耐用"

南孚电池如何打败金霸王？如何成为中国家用电池第一品牌？南孚电池曾经被宝洁公司收购了10年，后来被中国的鼎晖资本回购了，中国才会多一个像南孚这样的伟大民族品牌，在全球家用电池领导品牌是金霸王，在中国市场南孚电池如何反超了金霸王？因为南孚电池抢占了家用电池第一特性"耐用"，然后通过一个强大的定位信任状和超级符号"红色聚能环"，诉求"底部有聚能环，电力强劲更持久，6倍电量"，因为南孚已经打了"6倍电量"，后来金霸王打"10倍电量"已经没有用了，先入为主，后人无门，南孚已经等于更耐用的家用电池，金霸王后面打的广告只能帮南孚"做嫁衣"。

我们协助南孚电池把"耐用"这个定位特性进一步聚焦和上升到更高战略，然后把它的超级符号"聚能环"不断聚焦放大，我们帮南孚做的广告语是"电池要耐用，当然选南孚"！所以，南孚现在的广告永远在单一精准地重复强化它的"耐用"特性和"红色聚能环"超级符号，它的广告变得非常简单高效。比方说，原来需要一年花 3 亿元的广告费达到这个效果，现在可能只需要花 1.5 亿元就能达到，效率提升了 2 倍。

美团 VS 饿了么争夺外卖第一特性"快"

美团外卖如何打败饿了么成为外卖第一品牌？2008 年饿了么开始做外卖，它是外卖的开创者，它打的广告语是"叫外卖，上饿了么；饿了别叫妈，叫饿了么"，当然，饿了么这个名字也非常棒，让人一下子就记住了，能高效与外卖和餐饮品类关联起来，饿了么首先占据了外卖品类，但是很可惜，它没有抢占外卖第一大特性"快"。直到 5 年以后，也就是 2013 年左右，美团才从团购转向做外卖，它的广告语是"美团外卖，送啥都快"，最核心的就是美团抢占了外卖的第一特性"快"，然后用一个澳洲的袋鼠表示我跑得快，很多外卖骑手的工服上都印了这个袋鼠，非常有杀伤力。

所以，美团外卖通过占据第一特性"快"，并通过这个"袋鼠"超级符号，打败了饿了么外卖和百度外卖，饿了么外卖是被马云阿里巴巴全资收购的，百度外卖是百度做的，后来，百度外卖因为被美团外卖打趴下了就把自己给卖掉了，也就是说，美团外卖的王兴打败了马云和李彦宏两大首富。所以，抢占第一特性就容易打造第一品牌，就有机会打败首富，成为新的首富。

农夫山泉抢占"天然"特性成为首富

农夫山泉如何成为亚洲首富？如何市值达到 5000 亿元？

第一，农夫山泉占据了一个非常有价值的品类叫"天然水"，2002 年农夫山泉停止生产纯净水，只生产天然水，其实纯净水就是自来水净化，它最早的广告语是"农夫山泉有点甜"，后来改成"我们不生产水，我们只是大自然的搬运工"。

第二，农夫山泉占了饮用水的第一特性"天然健康"，我们喝水一定要健康，它最早是通过抓住年轻妈妈和孩子的原点消费而大获成功。

精准定位

第三，农夫山泉名字非常棒，这个名字就至少价值100亿元，农夫山泉创始人钟睒睒曾经多次宣讲说"我的名字叫'农夫山泉'就是我很大的一个竞争壁垒"。农夫山泉最大的对手是娃哈哈，钟睒睒曾经是娃哈哈的海南代理商，他的对手还有康师傅矿物质水、可口可乐冰露、华润怡宝水、恒大冰泉等，可口可乐是全球第一品牌商标，华润怡宝是超级大型国企。但是，我认为农夫山泉这个品牌名字远远超越上面所有国内外的饮用水，这些同行的品牌名都很难与农夫山泉相媲美。

所以，农夫山泉通过抢占"天然健康"第一特性打败了众多对手。农夫山泉2023年的销售额是400多亿元，它的利润达到100亿元，超过25%的利润，农夫山泉的市值达5000亿元港币。

我在前几年服务过怡宝水，怡宝的广告量在广东市场曾是农夫山泉的2倍，怡宝高管就问我："为什么我们广告量比农夫山泉多，但我们还是卖不过它？"我非常坦诚地回答："第一，我们的品类输了，我们怡宝是纯净水，农夫山泉是天然水，纯净水的品类价值远不如天然水；第二，我们名字已经输了，怡宝这个名字远不如农夫山泉，农夫山泉这个名字天然自带流量，自带光环，两瓶水摆在一起，一瓶叫怡宝，一瓶叫农夫山泉，给您的心智能量是完全不一样的，宇宙万物都是信息和能量的组合。"所以，怡宝作为饮用水的第二品牌，虽然也做到100亿元左右，但它的利润率只有10%，利润只有10亿元，远远落后于农夫山泉。

公牛插座抢占"安全"特性成为首富

公牛如何成为插座的第一品牌？公牛如何做到销售额130亿元和市值1000亿元？

首先，因为公牛占据了插座这个非常有价值的品类，20多年前，中国很多家电都会做插座，但是公牛更加专注聚焦，它第一个成为插座的专家与领导者。

其次，公牛抢占了插座的第一特性"安全"，广告语叫作"公牛安全插座，保护电器保护人"，诉求"防起火，防漏电，保护孩子和家人的安全"，并制定了"安全插座的七大标准"，并不断牢固"安全插座"这个特性定位，公牛的销售额从10亿元做到130亿元，公牛老板阮总就成为宁波首富了，并跻身中国富豪排行榜。

所以，各位企业家朋友们，如果您要成为首富，您能不能抢占一个特性定位？我们看各行各业的很多真正成功的品牌，它第一个要占据一个有价值的品类，第二个要抢占第一特性，像老板大吸力油烟机、公牛安全插座、海底捞服务更好的火锅等都是如此。我们有机会协助您的品牌抢占最有价值的品类，并抢占第一特性，一起打造行业的领导品牌，一起建功立业。

汉庭酒店抢占"干净"特性成为第一

汉庭如何成为中国经济型商务连锁酒店第一品牌？汉庭酒店如何做到100亿？

原来的经济型连锁酒店的领导品牌是七天、如家，汉庭酒店如何反超七天等？汉庭现在的连锁店达到3000家以上，还在疯狂增长，并成为全球经济型连锁酒店的领先品牌。因为汉庭抢占了商务酒店第一特性"干净"，定位广告语叫"爱干净，住汉庭"，超级符号是"带蓝色帽子的白马"，中国古代酒店叫驿站，这个超级符号非常棒。

我们住商务酒店最大痛点就是怕不干净，怕床上有脏东西，怕有传染病毒。事实上，酒店房间经常有很多污秽的东西，看起来很吓人，很多马桶、毛巾、浴巾都非常脏，会有很多传染病毒。所以，汉庭提出"爱干净，住汉庭"，做到更干净，然后价格比其他的商务酒店竞品高10%~30%，使得汉庭让别人感到更安心和放心，我们公司员工自己出差也非常喜欢住汉庭，汉庭就快速地发展成为中国乃至全球的商务经济型连锁酒店领导品牌。

中国电商"特性"争夺战

我们发现目前中国能够存活下来的成功电商品牌都抢占了一个核心定

位特性，否则这个品牌早已灰飞烟灭，早已被淘汰了。

我们为什么要上天猫？因为天猫说："所有的旗舰店都在天猫，天猫正品"；为什么要上淘宝？因为马云说："淘宝是万能的"，万能淘宝能买到所有的东西。按道理说，淘宝是万能的，天猫是旗舰店正品，这个仗已经打完了，那京东如何成功呢？

京东说："我送货更快，上午买下午到"，这个购物特性非常厉害，现在京东的品牌势能不断上升，而且有赶超淘系的趋势，因为京东"送货更快"这个特性非常强势，它也是我们在电商上买东西的一个很大的痛点和非常重要的购物体验。淘宝、天猫等电商经常是送到下面的速递箱，每次要去拿很不方便，京东快递会送到家门口，而且京东的购物体验特别快，上午买下午到。所以，有人说京东的刘强东有机会超越马云成为中国新的首富，这也是不无道理的。

那拼多多如何成功？拼多多的广告语是"拼着买，更便宜"，因为它占据了一个特性是"更便宜"，中国有14亿人，其中还有8亿人是中低收入者，都需要更高性价比的产品，所以拼多多的市值不断攀升。

唯品会说："我是一家专门做特卖的网站"，抢占了"特卖"这个定位特性，专门做大牌特卖。

所以，中国电商行业这些成功的品牌都是如此。其实，不管是互联网行业、快消品，还是家居建材、2B和2C等所有行业都是要抢占定位特性，虽然隔行如隔山，但隔行不隔理，这个道理是相通的，打造品牌的逻辑是相通的。

东阿阿胶占据"滋补"特性心智资源

东阿阿胶如何成为滋补国宝？如何成为中国阿胶第一品牌？

首先，是因为东阿阿胶很多产品都牢牢抢占了"滋补"这个心智资源，不管是它的阿胶块、复方阿胶浆液体，还是桃花姬阿胶糕零食，桃花姬的广告语是"吃出来的美丽"，然后，它还做了化妆品品牌"桃花润"，以及燕窝等，这些产品的共同点就是都有"滋补"功效。

其次，东阿阿胶系列产品的客户人群主要是女性，吃阿胶的很多都是怀孕生孩子的年轻妈妈，需要气血双补。虽然，东阿阿胶做了很多延伸产品，但是，就像孙悟空千变万化都是个毛猴子，它都是"阿胶+"，它都是符合"滋补"这个特性定位，并牢牢占据这个强大的心智资源，所以东阿阿胶成为滋补国宝。

云南白药占据"止血"特性心智资源

同样原理，云南白药集团营业额达到 300 多亿元，是中国国药的第一品牌，它也做了很多产品系列，我总结出一个根本规律：只要是跟"止血和白药"相关的产品都能成功，如果脱离了"止血和白药"基本上都失败了。

云南白药最早是做创口贴的，然后做喷雾剂都很成功，功效都是白药止血，后来它又做了云南白药牙膏。我们定位派很多人说它做牙膏一定会死，因为它是品牌延伸，我的观点是云南白药牙膏完全没有问题，因为它的定位特性也是完全符合"止血"这个心智资源，不管是做创口贴、喷雾剂，还是做牙膏，它的特性功效都是"止血"，我们很多人都会牙龈出血，我自己也会买云南白药牙膏止血，云南白药牙膏一年销售额超过 50 亿元，高露洁、佳洁士一支牙膏卖 10 元，云南白药牙膏可以卖到 20 多元，它的品牌溢价空间非常大。

第二章 精准定位5大标准

精准定位

01 精准定位研究分析

精准定位5大诊断指标

我融合百家之长，结合自己近20年的营销和定位的经验教训，并且研究了国内外众多世界500强和中国500强，为大家精心总结了精准定位5大标准。

我们生病要去医院做体检，同样我们做品牌也要先做体检，我总结了品牌体检的5大指标，如果这5大诊断指标中每一项都是20分的话，刚好总分就是100分。第一，品类界定20分；第二，品牌名字20分；第三，第一特性20分；第四，定位广告语20分；第五，超级符号20分。

当然每项20分只是一个相对的评分，它肯定不是完全平等分布的，这个世界永远不可能平等，人生来不可能平等。这5大要素就是精准定位的5大指标，我们总结分析了很多要素，不断改进和删减，最终确定这最有效和缺一不可的5大指标，您要成为一个成功的品牌，就要把5大指标做好。一个成功的品牌能做到100亿元，或者是全球和中国的知名品牌，要做到行业的数一数二，您这5大指标基本上每个指标要做得很好，或者至少是其中的四个指标要接近满分。具体上，要么是5大指标每个指标都是在18分左右，或者是其中有四个指标接近满分20分，这样，您的总分才能得到85分，甚至90分以上，您才能真正成为一个百亿元的伟大品牌。

第一，品类界定。品类检验标准是三个：符合行业发展趋势，符合心智品类机会，符合品类命名原则，您首先要把品类命名做好，比方说，营养快线品类命名成果乳饮料。

第二，品牌名字。名字太重要了，好名字节省一半的广告费，好的名字就成功了一半。有时候名字比品牌定位更重要，您的定位可以调整，但是名字一旦取好之后，更换的成本是非常高的。好的名字要指代品类，反映定位，有独特性，寓意要好，有画面感，易传播。

第三，第一特性。我们九德定位一直推崇的核心方法就是"第一特性打造第一品牌"，有点相当于华与华的"超级符号就是超级创意"，第一特性标准是要符合客户的最大需求点，解决客户最大痛点，竞争对手没有占据，我自身有能力占据。

第四，定位广告语。广告语的4大检验标准：顾客认不认？销售用不用？对手恨不恨？社会传不传？

所以不管是"爱干净，住汉庭""美团外卖，送啥都快""怕上火，喝王老吉""电池要耐用，当然选南孚""台铃，跑得更远的电动车"等，这些都是符合顾客认、销售用、对手恨、社会传4大标准。

第五，超级符号。有一个能够让消费者记得住和低成本传播的超级符号。超级符号有3大标准：反映品类属性，反映品牌名称，反映品牌定位。最好的超级符号最好这三个方面都能反映，至少也要反映两个，比方说，蜜雪冰城的超级符号"小雪人"既能反映它是冰淇淋品类，又能反映它的品牌名；周黑鸭的"小鸭子"既能反映它鸭脖的品类，又能反映品牌名；百果园的"小猴子"既能反映它是做水果，猴子最喜欢吃桃子，又能反映品牌名。

精准定位5大指标成功案例

很多全球的成功品牌，不管是奔驰的方向盘，特斯拉的T，乔布斯的苹果，肯德基桑德斯大爷、麦当劳叔叔、星巴克、海底捞、三只松鼠、王老吉、六个核桃、农夫山泉、美团外卖，还是淘宝、支付宝、余额宝、天猫、拼多多、唯品会、蜜雪冰城、公牛插座、南孚电池等成功品牌，一定都是符合这"精准定位5大标准"，不管是国内还是国外品牌，它要么是每一个

精准定位

指标都是能达到 18 分，或者是这 5 大指标里面有四个接近满分，总分才能得到 85 分以上。

比如，在传统汽车行业，名字最好的就是奔驰、宝马，还有谁的名字能超越奔驰、宝马的？有谁的超级符号能超越奔驰的方向盘？基本上没有。在手机行业，全球做手机品牌能超越苹果手机这个品牌名字和超级符号的基本上很少。当然，特斯拉的名字也非常好，特斯拉的"T"也是很好的超级符号。

包括"三只松鼠萌翻天"，它的销售额做到 100 亿元，市值 1000 亿元，老板章燎原就说："我的成功首先就得益于我的名字叫三只松鼠，以及我的视觉符号三只松鼠萌翻天"，其他的做坚果的各种竞品与三只松鼠相比都差远了，因为松鼠最爱吃坚果。王老吉的名字也很好，它的品类界定是凉茶，第一特性是"下火"，定位广告语是"怕上火，喝王老吉"，超级符号就是它这个 310 的红罐。

再比方说，农夫山泉钟睒睒也说道："我们农夫山泉能够取得成功，很大的一个壁垒就是我的名字叫农夫山泉"，所以您看他的对手叫什么？我服务过怡宝，您看怡宝、恒大、娃哈哈、康师傅、冰露、今麦郎等，这些名字做饮用水基本上都不如农夫山泉，我们现在服务洞庭山集团的江南贡泉、洞庭山泉也是非常优秀的名字，估计也是很少可以与农夫山泉相媲美的好名字，也有望打造仅次于农夫山泉之后的又一匹行业"黑马"，江南贡泉的定位是"真正的天然山泉水，活的高山泉水"，洞庭山泉的定位是"天然好水新选择"。

公牛安全插座占据一个有价值的插座品类，它的品牌名叫公牛也非常优秀，它抢占的第一特性是"安全"，广告语是"公牛安全插座，保护电器保护人"，它的视觉符号就是"公牛牛头"，公牛在全中国率先做了 15 万元的五金建材店门头广告，公牛插座销售额现在达到 130 亿元，市值超过 1000 亿元，每年超过 25% 的纯利润，所以它每年纯利润是 20 多亿元，是行业绝对的领导品牌，整个行业被公牛一家赚走了近 50% 的份额和 80% 的纯利润。

美团外卖占据一个有价值的外卖品类，然后它的品牌名叫美团，第一特性就是"快"，超级符号是"袋鼠"，以及它的广告语"美团外卖，送啥都快"，八个字解决战斗，打败了饿了么和百度外卖。

汉庭酒店占据经济型商务连锁酒店品类，汉庭品牌名也很好，第一特性是"干净"，广告语是"爱干净，住汉庭"，超级符号就是一匹蓝色的客栈驿马。

我们服务的南孚电池占据家用电池品类，抢占的第一特性就是"耐用"，我们协助它做的广告语是"电池要耐用，当然选南孚"，然后超级符号是"红色聚能环"。

我们服务的台铃电动车首先占据的品类是两轮电动车，我们提出台铃抢占的第一特性是"跑得更远"，定位广告语是"台铃，跑得更远的电动车，中国三大电动车品牌之一"，然后超级符号是"T"。

我们呕心沥血而精心总结出"精准定位的5大标准"，只有精准定位才能真正快速地提升品牌销量，真正地成就王者打造行业第一品牌，真正解决竞争问题，真正改变企业的命运，改变企业家老板的命运，并真正为这个行业、为社会做贡献，您必须要努力做到这个"精准定位的5大标准"。

我反复苦口婆心地说，对于中小品牌，您可能一无所有，您要想去参与竞争和赢得竞争，您只能把五个标准做得更好，您必须要把品类界定做得更精准，您只能比对手和行业领导者取个更好的品牌名字，然后占据第一特性，以及做一个更有效、更有杀伤力、更精准的广告语，以及更有杀伤力、更能低成本传播的超级符号。

比方说，您要想去做这个饮用水，您肯定要去界定更有发展潜力的是真正的山泉水、矿泉水品类，所以，百岁山做矿泉水，我们服务江南贡泉做的真正的山泉水，来自安吉龙王山1587米的高山活泉；然后，您的品牌命名不能比它差；您要跟农夫山泉去竞争，如果您的品类输了，名字输了，第一特性输了，广告语输了，超级符号输了，那您凭什么跟它竞争？

我经常苦口婆心地告诫我的客户、同行：要赢得竞争，您唯一能做的或者是只能做的事情就是比您的对手去界定一个更精准的品类，或者占据一个更有价值的细分品类；然后取个更好的名字，如果名字都输了则可能满盘皆输，然后抢占第一特性；最后必须有一个非常精准有效的广告语和超级符号，这是精准定位最核心的5大标准，您把这5大标准都做好了，就有机会功成名就，建功立业，打造行业的领导品牌，甚至说您就能打败首富和成为首富，农夫山泉的成功就是如此。

几乎所有的成功品牌，只要您把"精准定位5大标准"做好了，您的销售额就容易做到10亿元、100亿元、1000亿元。如果您现在想要后发制人，以弱胜强，以小博大，同样您的品类界定必须要更精准有效，名字取得要比别人更好，或者至少跟别人的名字差不多，以及更精准的第一特性、广告语和超级符号。

02 精准定位5大标准

标准1. 品类界定：符合趋势和心智机会

品类界定3大标准

我们做品牌有经典三问：你是什么，有何不同，何以见得。"你是什么"就是要回答我的品牌名和品类名，"有何不同"就是回答我的独特差异化定位，"何以见得"就是支撑我差异化定位的信任状。

我总结品类界定有3大标准：

第一，符合行业的发展趋势。

时势造英雄，我们做任何事情都要顺其流，扬其帆。您要赚钱一定是要顺应趋势，所有首富的成功都是做趋势性的事情，不管是比尔·盖茨，还是马云、钟睒睒、马斯克等，他们都是做符合整个宇宙人类发展趋势的事情。

第二，符合心智品类的机会。

虽然这个趋势很好，但是如果这个机会已经被强大对手牢牢占据，您就没有多少机会了，所以，您要分析这个心智机会属不属于自己。

第三，符合品类命名的原则。

界定好品类后，您就要做一个好的品类命名，就像特斯拉新能源汽车，就是符合整个人类的新能源发展趋势，然后它的品类命名成"新能源电动汽车"也非常精准。

风口品类 4 大标准

既然风口品类这么重要，那到底如何抓住风口品类呢？

雷军有句名言说："站在风口猪都会飞起来"，关键是我们能不能站在风口，只要您抓住了趋势并站在风口，您的成功效率当然是事半功倍、事半 N 倍。所以，马云也说："所谓战略就是预判"，预判到有一个好的战略机会，我快速去提前布局，然后等待这个机会来，您就赢得先机。这就是抓住了风口品类，我们也给大家精心总结了风口品类 4 大标准，供大家参考使用。

第一，增速快。

风口品类首先就是增长要快，基本标准是近 3 年的复合增长率在 30% 以上，有些风口行业的增长率可能达到 50%、100% 以上，甚至更高，达到指数级的增长。虽然这个品类的市场容量不一定要非常大，不要求达到几百亿元、千亿元以上，但是您的增速一定要快，因为有些风口品类一开始看起来很小和不起眼，一般 90% 的人都看不到，正是因为它小，所以很多人看不起，但是它未来的增长率可能是 100%、300%，就像马斯克的特斯拉新能源汽车，在 10 年前它的这个市场容量非常小，但是现在不得了。

精准定位

第二，容量要大。

您要成为全球首富、中国首富，哪怕成为一个上海首富，都要做一个大国大民的市场，您不能做太小流的市场，要刚需、大众、高频。当然，一个有价值的新风口品类市场容量不能太大，也不能太小，太小了只有 10 亿元肯定不行，最好一开始就有 100 亿元左右，并再过 5 年、10 年能达到 1000 亿元以上，这就是一个非常理想的风口品类。

第三，利润要高。

一个有价值的风口品类的利润率一般要在 30% 以上，甚至更高。一个风口品类如果利润不高，说明它不是真正的风口品类，不是趋势潮流，它不是一个前瞻性的宝矿和油井，就像农夫山泉天然水，它的利润要可观才能支撑其成为首富，利润率太低了就无法去高效投资品牌，无法很好地去构建自己的团队、渠道和上下游的产业链，也无法去构筑自己整体竞争壁垒并形成一个良性循环。

第四，竞争要分散。

竞争小也是非常关键的一个要素，如果前三个都满足了，第四个错了还是不行。虽然这个机会很好，但是它不一定属于您，而是属于您的对手，第一品牌的占有率最好是在 15% 以下，如果第一品牌占有率已经达到 30% 以上，甚至 50% 以上，那么，属于您的机会就很小很小了。比方说，您现在再去布局农夫山泉所在的天然水可能已经没什么机会了，您现在再去做这个新能源汽车基本上机会也已经不多了，因为特斯拉、比亚迪已经占据一个很高的份额，就算是奔驰、宝马、通用、福特等大品牌去做，机会也很渺茫了。

很多超级爆品首先就是一个新型风口品类，比方说，这几年比较火的一个饮料叫元气森林，它现在做到接近 100 亿元了，就是这几年发展起来的。所以，一个新型风口的爆品最好是能做到 10 亿元以上，如果您做不到 10 亿元，在中国这个市场可能就很难生存，很可能就会成为别人的"炮灰"。

比方说，小罐茶做中国高端商务茶，它的销售额做到 20 多亿元，它就是一个超级爆品；妙可蓝多奶酪棒，它能做到40亿元，而几年前它就是一个爆品做到10亿元；再比方像王老吉、公牛、蓝月亮、洽洽坚果等都能首先成为10亿元的单品，这样才具备10亿元到100亿元的发展基础。

所以，在中国市场衡量一个成功的爆品，就是销售额达到10亿元，纯利润要做到1亿元左右，这是一个超级爆品比较理想的生存阶段。如此，您的价值和效率才能比较高，同时才有能力做到推陈出新，能够解决老的品类和行业的痛点，提高行业的效率。

这就是风口品类的4大标准：增速快、容量要大、利润要高、竞争要分散。我们审视一下，您目前想抓住的这个风口品类，是否满足这4大标准呢？马上学以致用，马上帮您真正赚钱。

当然，如果这个大的风口品类已经被别人占据了，您只能在这个大品类里重新去细分一个新的品类机会。比如凉白开，现在整个饮用水行业已经被农夫山泉、怡宝、娃哈哈、康师傅、冰露它们占据了，那今麦郎的凉白开就占据一个新兴的细分品类，成功找到了一个真正属于自己的新品类机会。

3种品类类型

我们买任何产品都会面临"买什么产品？""去哪儿买？""如何选购？"这3大问题，按照这3大问题就可以划分3种品类类型。

第一，产品品类。就是买什么产品？比方说买个凉茶、手机、油烟机、电动车。

第一，渠道品类。我们去哪儿买？去超市、电商、网上等。

第二，导购品类。我们如何选购？去百度、大众点评、美团等。

其实在实际品类划分中，渠道品类也经常被划分成产品品类，比方说百度搜索、美团外卖等，最终消费者还是对它做一个归类，消费者会说百度是做搜索的，美团是做外卖的。这3种品类类型，我们可以作为一个简单的参考就行。我们要创业和做商业模式，一般也是这3种服务方式，要么给消费者一个具体的产品，要么做渠道，要么多导购。比如，京东和国美电器就是渠道品类，百度、大众点评、携程都是属于导购品类。

品类命名4大原则

找到一个风口品类之后，特别是新品类，就面临做品类命名的问题，具体如何做一个好的品类命名呢？我们也总结了品类命名4大原则。

第一，有品类根。

比如，凉茶就是"放凉的茶"，它的品类根是"茶"，手机就是"在手上用的机器"，洗发水就是"洗发的水"，牛奶就是"牛的奶"，厨柜就是"放厨房里面的柜子"，包括我们服务这个金彭三轮车命名叫三轮车，它是"有三个轮子的车"。

第二，简短易懂。

常见的品类一般就是两个字到四个字，要简短和通俗易懂。比如，原来最早的汽车的命名就是"不用马拉的车"，但这个比较长，后来精简演变成"汽车"，还有最早的火车就是"烧煤炭火的车"，后来精简演变成"火车"。

第三，选购口语。

在广告营销领域，口语永远大于书面语，所有的品类名词一定是口口相传的口头语，而非书面用语。

人类的沟通和买卖最广谱的方式都是口语，口语一定可以作为书面语使用，但书面语不一定使用于口语。

第四，有价值感。

比如，红牛的品类叫"能量饮料"，是否感觉有价值感？以前有一个盆栽植物叫瓜栗，后来被命名为发财树，很明显"发财树"更有价值感。猕猴桃在澳洲叫"奇异果"，奇异果卖得比猕猴桃更贵，实际上它就是猕猴桃，但它更有价值感。有一种苹果在美国叫"蛇果"，蛇果的价格一般是苹果的两倍，并更有价值感和高级感。

当然，价值感是锦上添花的，木门、洗发水就是中性词，价值感十足的"发财树""奇异果"这些品类名是可遇不可求的，我们反复讲到品牌名最好能够反映品类名，就是希望这个品牌名本身能够更好地进入消费者心智，让品牌与品类画等号。

比方说，有两个做火锅的品牌，一个叫海底捞，一个叫凑凑，您觉得哪个名字更好？当然是海底捞，海底捞寓意在火锅里面捞东西吃，更接近火锅品类，呷哺呷哺的凑凑，与火锅品类相去甚远，它的命运也有点凑数和平庸。

同样有两个中餐品牌，一个叫望湘园，一个叫俏江南，俏江南是张兰和汪小菲做的，汪小菲跟大S因为床垫问题闹得沸沸扬扬，俏江南这个名字给人感觉是江浙菜，但是望湘园一下子就知道是做湘菜，其实俏江南做的是四川菜，如果单纯从品类命名的角度来分析品牌名的优劣，俏江南这个名字肯定不如望湘园。

在日本有两个做特价的品牌，叫优衣库和无印良品，您觉得哪个名字更好？其实这两个品牌的商业模式都差不多，顾名思义，优衣库就是"卖衣服的仓库"，里面有个"衣"字，所以它专门卖衣服就卖得很好。无印良品是卖什么的？消费者无从选择，最后什么都卖，无印良品最终就被别人收购了，优衣库的创始人却成了日本首富。

还有两个鸭脖品牌，叫绝味鸭脖和周黑鸭，周黑鸭的老板叫周富裕，单纯从品牌名来说，周黑鸭相对更好，因为它与做鸭脖品类关联在一起。但是，绝味要想跟周黑鸭相媲美和竞争，它后面一定带着"鸭脖"两个字，后来绝味所有的定位和招牌门头一定都是"绝味鸭脖"，它才能更好地获得消费者的选择。看一下您自己的品类名是否符合这个品类命名4大原则。

检验品类命名4大原则

为了让大家更好地检验自己品类命名是否精准，我们还总结了检验品类命名的4大原则，供大家检验参考。

第一，客户口语词。

品类名是客户脱口而出的产品品类词，比如，到超市里去买个手机、矿泉水、电动车、三轮车等。

第二，选购搜索词。

我们经常在淘宝、天猫、京东上搜的产品类别词，搜酱油、手机、油烟机等，搜的品类词语就是您的精准品类命名。

第三，导购推荐词。

就是导购员向您推荐的产品品类，导购说的这个品类词能让消费者明确听得懂，同时导购也能够明确听懂您要买什么品类。比方说，您去国美电器要买个厨电，导购听得懂吗？然后导购会说，我给您推荐一个厨电，您也不知道买啥。如果您说买个油烟机、燃机灶，就听得懂。所以，厨电是伪品类，油烟机、燃气灶、消毒柜，它才是精准有效的真品类。

第四，社会传播词。

客户经常搜索和选购，导购经常广谱推荐，社会大众自然就会去传播这个品类词。所以，精准的品类词都是简单通俗，而非晦涩和生僻难懂。

沿着这个"检验品类命名4大原则"，我们补充一个"检验品类真伪3大原则"，进一步延展和深入讲解品类命名检验。

第一，社会大众对这个品类是否有认知？

第二，消费者选购时能否对品类名脱口而出？

第三，导购听到品类名后能否清晰推荐产品？

我们服务的很多客户和学员的品类命名就是错误的，像方太这样的百亿级别的大企业也同样会犯这样的错误，方太做了集成灶，集成灶应该是一个精准有效的品类命名，但方太不叫集成灶，它叫"集成烹饪中心"，这就不是消费者脱口而出的品类。比方说我去买一个集成灶，导购或听众都听得懂，但说买一个"集成烹饪中心"，导购就不懂，这就是伪品类。所以，我们做品类命名一定是要简单、通俗易懂，切记不要创新，要让消费者在京东、天猫、拼多多、抖音上搜索的时候最高效地链接到您。

每个品牌都面临品类名和品牌名两个命名战略，二者命名要求刚好截然相反，品类命名要求通俗易懂，具有通用性，就像木门、油烟机、空调等。但品牌名刚好相反，要求有创意、有独特性，而品类名就是要避免太创意。品类命名的核心方法就是要借助本身已有的广泛认知的品类概念，比方说，老板油烟机后来针对大空间做了一个超级大的油烟机，它借鉴中央空调的品类命名原则，命名成"中央油烟机"，这是一个很成功的品类命名案例。

标准2. 品牌命名：进入心智引爆品牌

好名字一本万利

如何做好品牌的命名？如何取一个一本万利的好名字？

我反复讲，好的名字就是一本万利，好的名字节省一半的广告费，好的名字就成功了一半，营销战场在心智，好的名字更容易抢占心智。

名字就是最好的生产力，品牌命名就是企业最最最重要的战略决策，在这里我加一万个"最"，就是强调品牌名的重要性无以复加，名字有可能比您的定位都重要，您的定位做错了还可以改一下，但是如果名字起错了，可能一辈子就完了，因为改名的成本相对更高。

中国古代诸子百家、三教九流里有一个叫名家，它的代表人物就是春秋战国的公孙龙，就是创造"白马非马"公案的主角，他专门研究命名。比方说，中国朝代命名成"汉唐宋元明清"，这都是命名学，命名原则与中国的五行能量息息相关，并涵盖老百姓的心智能量，它是一个非常复杂并涵盖多学科的科学和艺术。

所以，中国的名家、阴阳家、儒释道等各门各家都非常推崇好名字的巨大价值，孔子说："师出有名，名正则言顺，名不正则言不顺，言不顺则事不成。"中国老祖宗说："赐子千金不如赐子一名"，就是指您给儿子留下

精准定位

亿万元资产,还不如给他取个好的名字,我们很难想象一个名字叫"张二狗子""王二麻子"的人能够竞选成美国总统,英国有个王妃的名字叫戴安娜,被称为"最美的玫瑰",它就是一个非常美妙的遐想。

很多香港明星要出名成功都要先改名字,刘德华以前的名字叫刘福荣,像一个我们农村大叔的名字;成龙原来叫陈港生,他姓陈,香港生的,叫陈港生,后来改叫成龙,寓意成为第二个李小龙;王菲以前叫王靖雯,改名叫王菲。

奔驰、宝马、麦当劳等很多知名品牌都要通过改中文名而成功,相反名字如果不好,就可能死翘翘了。在这里讲一下朝代命名,朝代的名字里面也是有风水,中国特别讲五行八卦风水。比方说,金生水,水生木,木生火,火生土,土生金,金生水,相反它是五行相克,金克木,木克土,土克水,水克火,火克金。就像汉朝属水,唐朝属土,宋朝属木,宋朝是被元朝灭掉的,因为元朝属金,金克木,明朝日月属火,火克金,所以明朝把元朝给灭了,然后清朝属水,水克火,清朝又把明朝给灭了,历史就是如此。因为我从小就非常喜欢研究学习易经八卦和姓名学,我对名字的研究有可能早已超越了整个中国营销咨询界和广告界。

一般好的名字就有好的寓意,名字本身就是符咒,名字念出来就是咒语,写下来就是符,特别是中国的文字蕴含强大的心智能量,刘德华、成龙、王宝强等带"德""龙""宝""强"都是绝好名字。相反您取了一个糟糕的名字,有可能是一生的厄运。戏说一下秦始皇,我发现秦始皇整个家族的名字都没有做好,中国讲谐音,秦始皇谐音"秦死皇""死皇帝",所以秦朝就二世而亡,秦始皇身边都是很糟糕的人。比方说,他的儿子叫胡亥,"胡亥"谐音就是"祸害",胡亥有一个丞相叫李斯,谐音成"你死",这跟我们行业里斯公司有点类似,单纯从名字来看,特劳特的名字优越于里斯的名字,特劳特、华与华都是非常优质的名字。胡亥还有一个丞相叫赵高,赵高谐音"糟糕",如此"你死了""糟糕了"这些都是非常不好的名字。秦始皇原来的继承人叫扶苏,又谐音叫"服输",所以,当胡亥、赵高、李斯给扶苏颁布诏书让他自杀时，扶苏马上就认输而拔剑自刎了，其实那时扶苏是完全有实力用武力夺取皇位的，那时扶苏、蒙恬手握30万的大秦军队，如果扶苏不认输，可能整个中国的历史都要改写。

我们再看现在比较火的罗永浩，它的"巨能还"就是跟我服务的南孚电池的"聚能环"相谐音，老罗巨能还债，他欠了6亿元，这两年做抖音直播带货已经还得差不多了，老罗做的手机叫锤子手机，这个名字一出来就死翘翘了。原来日本的经营之神稻盛和夫做了一个手机品牌叫京瓷，北京的"京"、瓷器的"瓷"，感觉这个手机是瓷器做的，掉下去就要摔碎了，结果京瓷手机就倒闭了。名字太重要了，好的名字就成功了一半，相反，坏的名字永远不可能成功。名字就是种子和基因，龙生龙，凤生凤，老鼠的儿子会打洞，好名字就容易长成参天大树，能成为老虎、狮子，成龙成凤，否则您就可能永远是小草、小猫、小狗。老罗命名成锤子手机，四川人骂人"你个锤子"，锤子是骂人的脏话，老罗后来也反省他做手机失败的教训，他也说"锤子"手机是一个糟糕的名字，哪怕锤子手机的工匠精神最好，老罗也非常有才华，我也非常崇拜他，但是他取了一个不好的名字，其最后的命运还是惨败收场，如果他那时候找我们咨询一下定位和命名战略可能就不一样了。

最近有个网红品牌叫"叫了个鸡"，因为这个名字明显跟公序良俗精神文明相违背，有色情的负面遐想和关联认知，这个名字就马上被勒令叫停了，后来改成"叫了个炸鸡"也是不错的。所以，"叫了个鸡""叫了个鸭"肯定很难成功，周黑鸭曾经有一句广告语写在它的门店里，叫"专心做鸭"，后来这句话也同样被去掉了。还有美国有一个运动服装品牌叫MLB，有点谐音"妈了个B"，我看到这个名字简直要气炸了，但这个品牌竟然还没有死，它肯定比不上耐克、阿迪等大品牌，我们消费者去一次，可能就感觉被骂一次，中国人最痛恨别人骂"妈了个B"这句骂娘的脏话，好名字真的是一本万利，坏名字真的是一生遭殃。

精准定位

经典品牌改名案例

全球有很多品牌都是通过改中文名而大获成功的，红牛原来叫"洛特斯蒂尔"，非常糟糕的名字；可口可乐的中文名原来叫"蝌蚪可蜡"，它曾经三进中国都失败了，中国有句成语叫"味同嚼蜡"，形容很难吃，蝌蚪是青蛙的幼虫，在春天池塘边很多黑乎乎的蝌蚪，能喝吗？所以蝌蚪可蜡失败了，后来有一个英籍华人把它改成叫可口可乐，既可口又可乐，物质文明和精神文明都有了，"可口"是物质文明，"可乐"是精神文明，包括百事可乐，所有的事都很快乐，也是很好的品牌名字。

奔驰原来的中文名叫"本茨""奔斯"，在台湾和香港叫"平治"，奔驰创始人叫本茨，奔斯就是"往死里奔"，谁敢开？中国人最讲好兆头，宝马原来的中文名叫"巴伐利亚""巴伊尔"，因为宝马原来是做巴伐利亚发动机，后改名成奔驰和宝马，这是多么好的名字。

麦当劳原来中文名叫"麦克唐纳""牡丹楼"，后改成麦当劳；真功夫原来叫"双种子"，东莞小企业起家，改名"真功夫"就马上成为中式快餐领导品牌。我们服务过六个核桃，它原来叫"养元"，我们帮它改成"六个核桃"，一下子您就感觉这个罐子里有六个核桃，并且"六六大顺"。

我也参与服务过老乡鸡的定位，它原来叫"肥西老母鸡"，是指"合肥肥西的老母鸡，这个名字有严重地域性和负面认知，如果不改名字就很难成功，在地域上，它很难走出安徽；在认知上，很多女生看到这个名字可能就不敢去了，因为很多女生都要减肥，去吃一次饭就暗示自己"我是肥胖的老母鸡"，就会感觉越吃越胖，可能很多人都不敢进去，后来改名叫"老乡鸡"，很亲切和乡土的名字，然后它主要是做鸡肉米饭快餐，招牌菜就是肥西老母鸡汤，现在老乡鸡已经成为中式的快餐第一品牌。

我服务的南孚—丰蓝1号电池，它原来品牌名叫"丰蓝"，很多消费者说成"蓝丰"，后来就改名改成"丰蓝1号"，主要做1号电池，1号代表我就是1号电池，还代表我是第一，我发现全中国一般叫1号的都是非常不错的名字，我以前服务过生命1号，广告语是"补充大脑营养，提高记忆力，生命一号"，还有个苹果醋饮料叫天地1号，也是好名字。

然后，我服过一个鸡粉品牌，它原来叫剑鱼，宝剑的"剑"，鱼粉的"鱼"，很多人以为是做鱼粉，后来我帮它改名叫"鸡大哥"，现在成为整个中部六省的以及成为中国本土的鸡粉领先品牌。同时，我服务了一个五常大米，原来叫鑫苑，后来改成"稻花1号"，因为中国最好的大米是五常大米，五常大米最好的品种就是稻花香1号，所以我们取名叫稻花1号，同时1号也代表我是最好的五常大米品牌。

最近我们服务一个饮用水品牌叫洞庭山，消费者不知道洞庭山这个名字是做什么产品，所以做了20多年基本上还是在江苏徘徊，很难走出江苏，我们建议洞庭山启用和主推两个新品牌"江南贡泉"和"洞庭山泉"，江南贡泉和洞庭山泉都是能与农夫山泉相媲美的好名字。

所以，如果您的名字不好，我建议您要马上改名字，改完名字就能改变您的风水，就能改变一个企业的命运。

品牌命名6大原则

具体如何取一个一本万利的好名字呢？

我们也专门精心总结了品牌命名的6大原则，供大家参考和使用。

1. 指代品类：反映品类属性。

2. 反映定位：反映定位和卖点。

3. 独特性：独特创新有个性。

4. 寓意好：寓意吉祥美好和正面。

5. 画面感：可描述和有画面感。

6. 易传播：简单、易读、易记、易传播。

好的名字要寓意好，要积极正面，好的名字蕴含其独特的风水能量。上面讲了秦始皇家族寓意不好的反面案例，刘德华、成龙的都是寓意很好的名字，马云、马化腾、刘强东都是寓意非常好的名字，马云是指"马在

精准定位

天上飞,易经乾卦第五爻就是飞龙在天,就是最成功的状态,马在云中就是飞马,就是飞龙;同理,马化腾也是飞龙,马在空中腾云驾雾,也是飞龙在天。

我们定位界"特劳特"这个中文名肯定是要比"里斯"稍微好一点,特劳特公司的总裁邓德隆,也是我原来的老板,他原名叫邓利平,后来改名叫邓德隆,就是很成功的改名。然后,中国营销界的大师王志纲、路长全、叶茂中、李光斗、华红兵、华杉、张晓岚等都算是比较优秀的名字,就像现在最火的网红老师曾仕强、罗永浩、岳云鹏、董宇辉、周文强等都是"善命名善"的好名字。

分众传媒创始人江南春多次说道:"我能够成功很大的原因就是我的名字叫江南春",像我的名字叫徐雄俊,从小学到上大学,有很多老师都说我这个名字寓意比较好,我也因为这个名字有幸得到很多恩师格外的关注和提携。走入社会后,很多人也问我:"徐老师,你的名字徐雄俊是不是后来改的?"事实上我的名字没有改,这个名字是我二叔取的,也是我祖辈和父辈们希望我们后辈能够慢慢成为人才英雄,我们家族堂兄弟的名字都叫徐雄X,我哥叫徐雄飞,我叫徐雄俊,所有堂兄弟名字的最后一个字连在一起是"飞俊杰威振中华",徐雄俊,顾名思义,就是"慢慢地成为英雄才俊"。所以,我也是慢慢地、不断地厚积薄发,通过40年百折不挠的成长和奋斗,并有幸得到无数恩师、贵人、客户的信任和提携加持,也逐渐成为对整个中国社会有一点点贡献和影响力的战略定位专家。

不管是品牌名还是个人名字,还是一切国家、城市等任何组织都非常需要好名字。比如,全世界的国家名称,美国的"美",它是像这个八爪鱼一样有很多脚,美国虽然很美,但是它就像八爪鱼一样到处干涉别人的内政,成为世界警察;英国的"英"就像是戴个大草帽的贵族和强盗;德国这个国家民族可能相对比其他欧洲国家更崇尚道德,德国最畅销的书是中国老子写的"道德经",另外德国人很有工匠精神;法国这个名字比较浪漫;最难听的名字就是日本,日本的黄色产业最猖獗,我们都非常不喜欢小日本，日本是我们中华民族的大仇敌，中国在抗日战争中死伤3500万人。

另外，好的名字是可描述、有画面感的。比如，苹果、宝马、农夫山泉、周黑鸭、淘宝、三只松鼠，是不是很有画面感？并且，好名字一定要简单、易读、易记、易传播，不要混淆视听，而且不要用谐音，因为，所有的好名字一定是听觉大于视觉，人类社会是先有语言后有文字，语言比文字的传播力更大，如果是用谐音必须要用眼睛看，如果只用耳朵听的话就听不懂。所以，很多品牌用谐音就是大错特错，一定是口语优先，不管是古希腊哲学鼻祖苏格拉底、柏拉图、亚里士多德、康德，还是中国的诸子百家，对名字都非常重视其传播性。还有很多名字用叠音也非常好，比方说，娃哈哈、香飘飘、爽歪歪很容易传播，特劳特、华与华这两个名字也是用叠音，也相对简单、易记、易传播。

所以，您现在可以对照审视您的品牌名字是否符合以上"品牌命名6大原则"？指代品类，反映定位，独特性，寓意好、画面感、易传播。如此，一个好的名字价值千金、价值万金，是无价之宝。为什么很多企业客户愿意花几百万找我们做咨询服务和改名字，也是因为我们完全有这个价值和专业能力。当然，天地之财，有德者居之，好的名字需要您有好的德行来承载，否则纵使有最好的名字可能您也承载不了。

品牌命名4大方法

沿着上面"品牌命名6大原则"，我们继续深入总结了品牌命名4大方法。

第一，品牌名直接是反映品类的关键词。

比方说，可口可乐里面有可乐，蒙牛里面有牛奶，农夫山泉里面有山泉，六个核桃里面有核桃，周黑鸭有鸭脖。还有，小肥羊做羊肉火锅是很好的名字，只可惜被肯德基收购之后就很平庸了。

淘宝是指在网上淘宝贝，支付宝是支付的宝贝，马云绝对就是一个顶

精准定位

尖的命名高手,阿里的很多名字像淘宝、阿里巴巴、阿里妈妈、支付宝、余额宝、聚划算、蚂蚁金服、盒马鲜生等,是不是都是很好的名字?

货拉拉,拉货就找货拉拉,它的对手叫快狗拉货,快狗这个名字就不如货拉拉,请问快狗与货拉拉哪个名字更好?当然是货拉拉,快狗还有点不好的寓意,有一些做货运的司机反馈说这个名字有点骂我们是"拉货的狗"。

今日头条是张一鸣抖音公司做的,今日头条是新闻头条的老大,同时有个油条叫"今日油条"也是好的名字,还在打官司。拼多多当然也是好的名字,要在团购上拼着买更便宜。

上面这些品牌名都能够反映品类关键词,能反映是干什么产品品类,品牌名跟品类直接画等号,因为我们做定位做品牌的最终目的是让品牌成为品类的不二选择,喝可乐首选可口可乐,喝牛奶首选蒙牛,喝核桃乳首选六个核桃,吃鸭脖选周黑鸭,喝山泉水选农夫山泉,支付用支付宝,买水果就到百果园,吃鸡肉快餐选老乡鸡,包括现在新东方俞敏洪的农产品电商新品牌的名字"东方甄选"也非常棒,东方代表中国,中国是东方沉睡的雄狮,我反复为您甄选好产品。

第二,品牌名表达出品类特性和品类卖点。

宝洁有100多个知名品牌,很多名字都很优秀,比如,飘柔能反映出这个洗发水能柔顺,飘柔就是这么自信,海飞丝就是去头屑之后那个感觉,还有佳洁士牙膏、舒肤佳肥皂等都是如此。

红牛能反映出它的饮料功能牛气冲天,劲酒喝了人有劲,劲酒现在的销售额近100亿元,劲酒的很多消费者就是农民工,要干活有劲,要补肾壮阳,我们有个学员客户是山东烟台的至宝三鞭酒,他们做三鞭酒,一年销售额10亿元,"至宝"这个品牌名也不错,但是这个名字比它的对手劲酒还是差了一点点。

有个洗衣粉叫立白,顾名思义"立刻洁白"高效反映出洗衣粉卖点。真功夫反映出这个米饭快餐是蒸的,因为肯德基、麦当劳是炸的,你炸我蒸,真功夫也跟李小龙的真功夫刚好直接双关。还有，奶茶就要香飘飘；爽歪歪喝起来爽歪歪；娃哈哈喝起来娃哈哈；绝味鸭脖吃起来很绝味。

四川有一个拌饭酱叫饭扫光，反映"吃饭香而一扫光"；营养快线反映这个果乳饮料"快速补充营养"。还有，海底捞能反映出"在火锅里捞"这个特性和卖点；微信、滴滴打车、饿了么等都是好的名字，这些名字都直接反映品类特性、卖点和场景。

第三，借势与心智品类相关的现成词语和概念。

比方说宝马，中国古代最好的马就叫汗血宝马。还有张仲景、孙思邈、华佗、昆仑山，加多宝公司做了一个饮用水叫昆仑山。茅台借势贵州茅台镇地名和红军长征在茅台的故事。黄金搭档、东阿阿胶、云南白药、特斯拉等都是直接借势现成词语。中国最好的两大国药品牌，一个叫云南白药，一个叫东阿阿胶，因为好名字已经成功一半了，天下阿胶出东阿，全中国最好的白药在云南，叫云南白药。特斯拉这个名字来源于世界交流电之父尼古拉·特斯拉。

第四，直接购买符合以上3大原则的现成品牌商标。

我们通过做定位咨询、定位课程、私董会、方案班等帮客户和学员取了很多好名字，但80%的好名字一般都是名花有主了，漂亮的女人大半都已经被别人娶走了，您只能去购买商标，我们建议按照以上3大原则找第三方机构去转让购买商标。

关于品牌命名简直太重要了，所以我要用大量篇幅反复讲，西贝是中餐第一品牌，也是特劳特与华与华的重点客户，西贝名字也很好，西贝创始人贾国龙老贾是祖上有德，因为他姓贾，西贝合在一起就是贾，顾名思义"西北的宝贝"，西贝的成功就是做西北菜。

我反复讲到全球所有做汽车的品牌，品牌名能超过奔驰、宝马、路虎的基本上没有，当然特斯拉也不错，但单纯从品牌名来说，我认为特斯拉与奔驰、宝马相比还是差了一点点。中国汽车做得好的品牌像哈弗、比亚迪、吉利、奇瑞、长安、红旗等，基本都不是非常优秀的汽车名字，那比亚迪为什么后来能取得巨大成功？比亚迪本身的名字确实不够好，它做了很多年都是默默无闻，比亚迪后来的成功关键是抓住了新能源汽车这个风口品类，更值得称道的是，它还启用了好名字，借势了中国历史文化"秦汉唐宋元明清"。所以，他卖得最好的爆款有"比亚迪·汉"和"汉武大帝"等，这个名字一下子把14亿元中国人的民族自尊心给树起来了。还有老干妈基本上不打一分钱广告，但是一年销售额50亿元，其中就得益于老干妈的名字非常好。

标准3. 第一特性：第一特性打造第一品牌

第一特性原理

我们九德定位最核心的方法论体系就是一句话：第一特性打造第一品牌，我们把它总结叫"第一特性原理"，具体有5大要点：

第一，第一特性是满足客户最大需求点；

第二，第一特性能够解决客户第一痛点；

第三，第一特性能构筑最大竞争壁垒；

第四，第一特性能最高效做运营配称；

第五，第一特性最终打造第一品牌。

举例，王老吉的第一特性"下火"既是需求点、痛点、壁垒、配称点，又是打造第一品牌的核心点，所以，王老吉和加多宝都在抢占凉茶第一特性"下火"，老板和方太都抢占油烟机第一特性"大吸力"，老板叫"大吸力"，方太叫"不跑烟"，我们就建议方太一定不要放弃第一特性，谁如果放弃这个第一特性，就等于把油烟机的"第一把交椅"拱手让给对手。

再比方说，"美团外卖，送啥都快"，它抢占第一特性就是"快"，就打败了饿了么和百度外卖；公牛占据插座第一特性"安全"打败了所有插座，整个行业50%以上利润被公牛插座占据了；我们服务的南孚电池和台铃电动车，南孚电池占据第一特性"耐用"打败金霸王并成就第一品牌；台铃电动车占据第一特性"跑得更远","台铃,跑得更远的电动车,一次充电600里",在雅迪、爱玛非常强势二元见证格局下硬是开创了三分天下。

找定位特性5大方法

那如何找定位特性呢?我们也总结出找定位特性的5大系统方法,供大家参考使用。

第一,消费者的特性调研。

研究消费者选购您这个产品的标准特性关键词有哪些。

第二,参考电商评价特性词。

参考京东、天猫、拼多多、抖音、小红书、知乎等电商和社交网站上消费者的评价关键词。

第三,对手在打但没有占据的特性词。

参考竞争对手正在打但没有牢牢占据的特性关键词,并去研究和全力抢占这个特性。

第四,把特性关键词排序和筛选。

把5大主要特性关键词全部罗列出来,然后做排除法并优选最佳。

第五,看自己能否努力做到该特性。

自己能否做到和占据,这是检验我们找特性的最后一个维度。

我们在做消费者调研时,首先找准消费者人群界定,然后要研究消费者选购产品的3大要素,消费者的3大痛点,然后在里面筛选出第一痛点、第一特性的排序,并认真客观做定量和定性调研来检验论证。

第一特性5大标准

具体如何找第一特性呢?我们也精心总结出找第一特性的5大标准供大家参考和使用。

第一,高频。

我们的经验教训是第一特性一定要高频,一般是80%的核心用户都有此痛点。

第二，痛点大。

第一特性往往来源于第一痛点，就是痛点要大，是雪中送炭，而非锦上添花。

第三，具体。

这个痛点是具体明确可描述，比方说，雅迪搞的"更高端"这个特性就无法具体、无法描述，它是伪定位、伪特性。

第四，值钱。

这个特性必须要值钱，用户愿意花钱解决这个痛点。

第五，没解决。

主要同行竞争对手都没有解决这个痛点问题。

所以，这个痛点是从低频到高频，从不痛不痒到痛不欲生，从锦上添花到雪中送炭，最好是客户高频、痛不欲生、雪中送炭的痛。

比方说，京东现在抢占的特性是"快"，抓住了我们电商购物很大一个痛点就是"快递比较慢"，所以，京东相对比其他电商送货更快、服务更好，京东是把快递亲自送到家里，淘宝等经常是把快递送到楼下的速递柜，京东抓住了消费者的一个非常大的、高频的、痛不欲生的痛点。

第一特性的本质是顺应宇宙规律来创造价值，就是您一定要解决客户的痛点和问题，这叫"利天下民，得天下利"，您帮助别人解决这个痛点，自然就会成为消费者的首选，所以，孟子说："合王道王天下易如反掌"，关键的核心就是您要符合王道，王道就是要利益众生和造福天下，解决人的痛苦。

比方说，油烟机的三大痛点排序是吸不干净、清洁麻烦、噪声大；老板电器调研发现57%的人的要求是吸力大，29%的人希望能清洗方便，9%的人比较关心噪声；85%的人反映炒辣菜时最大的痛点就是"油烟吸不干净"，很多妈妈和厨师做饭容易得肺病，跟这个油烟有很大关系。所以油烟机的第一特性、第一痛点就是"吸力大"，老板油烟机占据"大吸力"就成功了，不管是老板"大吸力"还是方太"不跑烟"都是说吸力大，老板和方太就成为中国高端厨电的二元领导品牌，都达到了王道天下，销售额都达到100亿元以上。

两轮电动车的三大痛点排序是充电跑不远、动力小、外观不好看，我们服务台铃电动车调研发现50%的电动车用户的第一痛点就是"电动车跑不远"，所以，我们台铃电动车就解决充电焦虑这个痛点，并且把"跑得更远"做到极致并每年迭代，最终台铃成为长续航电动车的专家和领导者，销售额从30亿元快速增加到180亿元。

三轮车的3大特性排序是结实耐用、装载多、动力强，我们服务金彭三轮车调研发现54%的人希望这个三轮车能够"结实耐用"，因为三轮车很多用户都是种地的农民，他们希望这个三轮车能够多用几年，普通三轮车两三年就坏了，金彭三轮车能用8年。所以，金彭三轮车抢占了第一特性"结实耐用"，就打败了对手宗申，然后就从30亿元做到100亿元，就实现王道天下了。

还有，凉茶的第一特性肯定是"下火"，然后才是"解渴"；插座的第一特性是"安全"；家用电池第一特性是"耐用"；外卖第一特性是"快"；饮用水第一特性永远是"天然健康"。

所以，看一下您所在行业品类和产品，消费者的第一特性是什么？如果您抢占这个第一特性，就能够成就王道，就能够轻松赚大钱，就容易成为首富。

标准4. 定位广告语：传递定位引爆销售

详见第四章单独系统阐述。

标准5. 超级符号：打入定位建立品牌

详见第四章单独系统阐述。

最后，我们把精准定位5大标准再总结一下。

精准定位

第一个标准：品类界定。品类界定要符合行业品类趋势和心智品类机会。

第二个标准：品牌命名。好名字能更好地进入心智和快速引爆品牌发展。

第三个标准：第一特性。第一特性打造第一品牌，所以一定要抢占第一特性。

第四个标准：定位广告语。要用一句定位广告语来高效传递定位和引爆销售。

第五个标准：超级符号。超级符号可更高效地建立品牌，更低成本传播品牌，并牢固定位。

第三章
如何做品类创新

精准定位

01 为什么要做品类创新

品类创新是营销加创新的最高境界，德鲁克说："企业只有营销和创新是创造利润，其他的一切包括管理都是成本。"苹果的乔布斯就是达到了营销和品类创新完美结合的最佳典范。品类创新是营销和创新的完美结合，品类创新是成就品类之王的终极战略，品类创新让品牌起步就是领导者，品类创新可再造逆势增长的新机会。

针对很多老品牌，想要重新焕发生机，品类创新是一个绝佳的方式，品类创新是跟随者颠覆领导者的第一战略，特别是针对一些一直被老大打压的后进和跟随品牌，品类创新就是一个"弯道超车"并超越领导品牌的一个最佳战略选择。

品类创新是打造品牌最大的、最显著的、最根本的差异化，品类创新是差异化竞争风险最低和成功率最高的创新，它可以更好地降低企业的经营风险。

全球品牌100强中，其中超过70%的品牌成功都得益于品类创新，包括苹果、特斯拉等。

品类创新5大要点

第一，品类创新是在继承传统品类上的微创新；

第二，品类创新是心智而非物理层面的创新，是在心智中开创新品类；

第三，品类创新要么是升级传统品类，要么是母品类分化，都是顺势而为；

第四，品类创新的本质是创造新的价值，解决新的问题，解决新的痛点；

第五，品类创新就是开创新的赛道和战场，开创能让您成为第一的新赛道。

也就是说，品类创新等于传统品类加微创新，我结合20年的营销咨询经验，研究了世界500强和中国很多知名企业成功与失败的经验和教训，我们发现很多企业就是就死在过于创新，过于超前，而最终容易成为先驱或者先烈。所以，创新要恰到好处，创新是有中再造，而不是无中生有和发明创造，它就是在传统品类的基础上进行微创新，也就是说，我们不是反对发明创造，而是提倡在传统的基础上继续有中再造和进一步发扬发大。

02 品类创新4大路径16大方法

为了让大家更高效成功地做品类创新，我们专门用心总结了品类创新的4大路径和16大方法，第一，抢占心智空白；第二，产品层面的创新；第三，客户层面的创新；第四，运营层面的创新。具体是有16个方法，供大家仔细对照和参考使用。

第1大路径：抢占心智空白

抢占心智空白主要是有四个方面：有品类无品牌，区域品类全国化，小众品类大众化，传统品类现代化。抢占心智空白是开创新品类和定位最简单有力的方法，也是定位理论的精髓所在，就是抢占消费者的心智空当，主要是开创心智中有和市场中无的品类和品牌。具体就是要抢先占据已有的品类，把区域的、小众的、传统的品类做大做强，做深做透。

第一，有品类无品牌。

"有品类无品牌"是指该品类市场容量巨大，但心智中没有强势品牌，消费者选购的是品类而非品牌，消费者没有明确品牌的概念。

精准定位

有很多超级品牌能够快速成功，就取决于它快速抓住了一个"有品类无品牌"的品类心智空白，目前还有很多传统行业也都是处在"有品类无品牌"阶段，具备品类创新和打造品牌的重大机会。

例如，茶叶行业竞争非常激烈，但是一直没有强势的领导品牌，大多是比较分散的"小侏儒"。小罐茶抢占高端商务茶的品类，成为中国高端商务茶的领导品牌，因为中国茶品类的市场容量超过3000亿，但是超过10亿的茶叶品牌却寥寥无几。所以，杜国楹做的小罐茶短短几年就做到20亿销售额。

十月稻田抢占五常大米的品类空白成为五常大米的领导品牌，一年销售额达到20多亿元。我们九德服务的稻花1号也是做五常大米，广告语是"吃五常大米，选稻花1号"，也成为五常大米的一个新锐品牌，因为整个中国大米行业的市场容量超过1万亿元，但是真正超过10亿元的五常大米品牌基本没有，十月稻田、稻花1号都是抢占"有品类无品牌"的五常大米的心智空当。

第二，区域品类全国化。

一方水土养一方人，区域品类它本身具有良好的地域消费基础，区域品类要变成全国的品类，需要放大区域心智认知，关键是需要全国性的购买理由。

比方说，王老吉抢占预防上火的凉茶饮料品类空白，凉茶原来是两广地区中草药凉茶，王老吉找到一个全国化的购买理由叫"怕上火，喝王老吉"，就把这个区域品类进行大众化走向全国。

椰树椰汁原来只是一个海南岛的地方特产，它如何从海南偏安一隅走向全国？就是因为找到了一个全国性和大众化的购买理由，能够美容丰胸，广告语叫"每天一杯，白嫩丰满"，它打的"擦边球"一直是丰满。椰树以前的广告就是"一个大胸美女在椰子树上不停地抖胸"，大胸抖一抖，销售10个亿；大胸抖两抖，销售20个亿；大胸抖三抖，销售30个亿；后来请性感大胸女神徐冬冬做代言，广告语叫"我从小喝到大"，暗喻"我的胸从小喝到大"。所以,全国很多女性朋友为了丰胸美白,都疯狂选择喝这个美容养颜丰胸的椰树椰汁,椰树椰汁现在已经做到销售额 60 亿元,成为整个饮料行业的常青树,不管是王老吉、还是椰树椰汁,它都做到了从一个区域品类走向全国化,它的本质核心就是找到一个全国性和大众化的购买理由。

第三,小众品类大众化。

"小众品类大众化"的关键核心是要让小众晋级主流,它需要更广的消费人群,更多的消费场景,更高的消费频次,并不断地替代更多的传统品类,最关键同样是需要大众化的购买理由。

比方说,我们服务的唯品会原来是一个小众的特卖,那我们如何把这个特卖进一步放大?让更多的男女老少人群都选择这个唯品会特卖,我们不断推广唯品会是"全球大牌正品限时限量特价抢购",所以它成为中国第三大电商网站。

原来很多人都不知道奶酪棒,妙可蓝多奶酪棒就抢占奶酪棒品类空白,扩大奶酪棒品类教育和消费场景,诉求"早餐来一根,放学来一根,运动来一根"等,后来它强调说要补钙和长身高,诉求"不想你的孩子个子矮,那就多吃妙可蓝多",所以,妙可蓝多找到了更多的消费场景,更精准有力的购买理由。

我们服务的南孚的燃气灶电池丰蓝 1 号,它原来是一个非常小众的品类,以前根本没有这个独立品类,原来买燃气灶电池就是用普通 1 号电池,后来我们就告诉消费者"燃气灶必须要用专一的燃气灶电池,选丰蓝 1 号",我们诉求"点火不给力,马上换丰蓝 1 号,马上换高温下更耐用的丰蓝 1 号燃气灶电池",我们就把这个小品类变成一个专门、独立的大品类。

第四,传统品类现代化。

历史开创未来,经典永流传,老祖宗总是在恩德后人,很多传统品类都具备长久的生命力和心智资源,天生就容易被激活,老祖宗的很多精髓都是后人去创新品类和打造品牌的重大机会和宝藏。我们需要把这些传统宝藏发扬光大，我们去把很多传统品类重新捡回来，就能快速地大卖。

比方说，统一一直被康师傅欺负了很多年，后来它找到了一个老品类叫"老坛酸菜牛肉面"，高峰期一年销售卖到 50 亿元，让统一打了一个扬眉吐气的翻身仗；酸菜面在老家农村很多人都吃过，用酸菜拌的面确实非常好吃。

今麦郎针对现在整个饮用水行业一片红海，通过开发我们老祖宗喝了上千年的熟水凉白开，一年销售额做到 20 多亿元，成为激活老品类和传统品类现代化的一个营销典范。

我们九德公司也服务了一个芝麻酱叫李家芝麻官，现在成为高端芝麻酱的领先品牌，也是把老祖宗的传统芝麻酱变成现代化、工业化的产品。

第 2 大路径，产品层面的创新

产品层面的创新主要是四个方面：原料差异化，制作差异化，形态差异化，特性差异化。产品是 1，营销是 0，好产品是根本，营销的最高境界就是让产品自己把自己卖出去，好产品自己会走路，好产品自带流量。

产品层面的创新无非就是从原料、制作工艺、包装形态，还有产品的功能特性四个方面去创新和区隔，其中特性和制造方法也是定位系列书籍《与众不同》这本书里面讲到的九大差异化方法的其中两个。

第一，原料差异化。

"原料差异化"是产品层面的第一创新，不同原料自然造就不同的产品，原料创新造就品类创新。

比方说，棒约翰的定位是"更好的馅料，更好的比萨"，它用更干净的纯净水而非自来水，用更好的面粉等优质原料，造就美国比萨第二品牌，痛击必胜客。

农夫山泉天然水也属于原料差异化，以前做饮用水主要品牌是娃哈哈、乐百氏、怡宝都是把城市自来水进行净化来做纯净水，农夫山泉停止生产纯净水，只生产天然水，只做大自然搬运工，开创了更天然健康的天然水，从而对整个行业革命性的颠覆，最终成为亚洲首富。

同样，我们九德定位服务的江南贡泉的定位是"真正的天然山泉水，活的高山泉水，真山泉真的甜，源自安吉龙王山1587米"，我们开创了真正山泉水的新品类，现在也成为整个长三角的山泉水的领先品牌。我们服务鸡大哥原汤鸡粉，原料创新是"只选用500天以上老母鸡"，广告语是"鸡大哥原汤鸡粉，减半用一样鲜"，成为中国本土的鸡粉第一品牌。

第二，制作差异化。

"制作差异化"是产品层面的第二创新，制作方法可以成为一个鲜明的差异化概念，并上升到品类创新高度。

举例，真功夫通过"蒸营养和蒸工艺"，广告语是"营养还是真的好"，有效对抗麦当劳、肯德基的炸工艺，成为中式快餐的第一品牌。

鲁花相对于它的对手金龙鱼调和油的化学勾兑，开创鲁花5S物理压榨工艺，这是通过制作工艺的创新成为花生油的第一品牌。

我们服务过厨邦酱油，广告语是"厨邦酱油天然鲜，晒足180天"，它是通过"晒足180天"的制作差异化创新，成为中国酱油第二品牌。

第三，形态差异化。

"形态差异化"是产品层面的第三创新，也是消费者比较容易感知到的差异化创新，因为您的形态与别人不同，别人买得到、看得到，它同样也可以上升到品类创新高度。

例如，美国的经典甲壳虫小汽车，广告语是"想想还是小的好"，通过小型汽车的形态创新，也在美国创造一个营销神话。

小罐茶通过小铁罐的包装形态，诉求"小罐茶，大师造"，一年销售额做到20多亿元，成为行业争相仿制的包装形态。

和其正曾经通过大瓶装差异化，诉求"瓶装凉茶和其正，大瓶更尽兴"，高峰期也做到50亿元销售额，它是通过大瓶装的包装形态与王老吉310毫升铁罐装进行有效区隔。

第四，特性差异化。

"特性差异化"是产品的特点以及与众不同的特征，拥有特性是特劳特定位系列书籍《与众不同》九大方法中被推崇的第一大方法；特劳特把特性作为"九大差异化方法"的第一大差异化，可见老爷子对特性差异化是非常推崇的。

那我自己自始至终推崇"第一特性"，提出"第一特性打造第一品牌"，并把它专门发展成"第一特性定位"方法体系，找到与对手不同的特性，这个特性最好也是消费者的痛点，那么第一特性自然容易打造第一品牌。

比方说，美团外卖差异化特性就是"快"；我们九德服务的金彭三轮车的特性差异化是"结实耐用，使用寿命是普通三轮车的两倍，宁买金彭贵一千，不买杂牌骑半年"，金牌厨柜的特性是"专业和环保"，广告语是"更专业的高端厨柜，环保的厨柜，用金牌厨柜"。

第3大路径，客户层面的创新

客户层面的创新主要有4个方面：性别差异化，年龄差异化，阶层差异化，痛点差异化。消费者的选择决定一个品牌的生死存亡，除了从产品层面的创新，还可以从客户层面进行创新，成为某个特定客户人群对号入座的首选，客户层面无非就是从性别、年龄、阶层、用户痛点去创新和区隔，以终为始来进行品类创新和打造品牌。

第一，性别差异化。

"性别差异化"无非就是男人和女人，性别可造就产品和品类差异，全球也有不少品牌就是根据男女性别来分类和打造品牌。

最经典的案例就是万宝路男士香烟，万宝路曾经也是男士、女士香烟都做，后来它聚焦只做男士香烟，用西部牛仔形象来塑造其男性专属，它是人为做的一个性别差异化，其实吸烟大部分都是男性人群，女性占极少部分，但是它通过一个性别认知的创新成为美国香烟第一品牌。

清扬曾经开创了一款男士去屑洗发水，创造一时的辉煌，可惜它后来没有坚持这个定位，变成男女都做，于是清扬这个品牌又变得平庸了。

"营销鬼才"叶茂中曾经做了一个朵唯女性手机，虽然这个手机现在基本上已消亡了，但是这个营销案例，还是有一定的借鉴意义，通过开拓更安全的女性专用手机，还是创造了一时的营销佳话。

第二，年龄差异化。

通过"年龄差异化"也可以成为品牌最有效的定位和品类创新，年龄分层一般可分为：婴幼儿0~3岁，童年4~12岁，少年13~18岁，青年18~40岁，中年40~60岁，老年60岁以上，这六个年龄阶段，每个年龄阶段都可以做出相应的产品和品类划分。

最经典的案例是世界500强的强生，强生沐浴露的人群定位成婴幼儿人群，当强生成为婴儿沐浴露第一品牌之后，我发现很多成年人也都在使用，因为消费者认为"婴儿专用"就说明很安全舒适，那成年人也可以用。

足力健定位成专业老人鞋，这个品牌从零开始一年销售额做到50亿元，就是专门做60岁以上年龄阶段的老人鞋。

还有一个品牌叫KK少年，它主要定位成少年装，专注13岁到18岁的少年人群，现在也成为服装行业的一匹"黑马"。

第三，阶层差异化。

物以类聚，人以群分。我们可以按照人的身份阶层来进行产品和品类划分来打造品牌，品牌有时候成为人们身份的象征，特别是很多奢侈品就是象征一种身份，奢侈品的成本比大众产品可能贵不了多少，但是它的溢价可以比普通产品高10倍以上，就是因为它赋予了特定阶层的一个身份象征，这是一个附加的无形价值，特定的社会阶层造就特定的品类和品牌。

特定阶层主要有：权贵阶层，中产阶级，低下层"屌丝"，Z时代95后，单身阶层，丁克阶层等。比如，现在的银发经济、单身经济和丁克经济都是我们产品差异化的一个有效思考维度，是有助于我们开创新品类和打造一个强大品牌。

例如，江小白定位成青春小酒，搞了很多刷屏的文案，就是定位年轻人的第一杯白酒，也创造了一个小的营销神话。

精准定位

8848手机请王石做品牌代言，也是小罐茶的创始人杜国楹做的，它是针对权贵阶层、企业家精英人士做的一个成功人士专用的手机，一台手机1万多。

我们九德服务的豆冠学生用油就是专门针对学生群体做的一个食用油品牌，广告语是"学生用油，用豆冠天然大豆油，非转基因更健康，1000多座学校都在用"，成为河南的学生用油专家和领导者。

所以，竞争如此激烈，有时您只能通过客户人群来差异化创新和生存，客户人群创新无非就是从男女老少、性别、阶层等去创新区隔。

第四，痛点差异化。

围绕痛点进行差异化和创新是最根本有效的营销制胜法宝，是品牌最精准有效的定位手段；痛点造就品类，品类造就品牌，发现痛点和解决痛点是品类创新和打造品牌的不二法门。

我们要想永远立于不败之地，说一千道一万，您永远要研究和解决消费者的痛点，全心全意为人民服务，自然而然会成为消费者的选择，自然而然会立于不败之地。消费者第一痛点自然造就消费者第一特性，那找到第一特性，就能够打造这个品类的第一品牌。

比方说，元气森林的成功就在于它抓住了消费者怕糖的痛点，从而开创低糖气泡水，广告语叫"元气森林，0糖0脂0卡"，销售额短短几年就做到100亿元，成为整个饮料行业的一匹超级"黑马"。

小仙炖开创了鲜炖燕窝新品类，保质期只有15天到30天，解决了燕窝不新鲜的痛点，从而超越原来的传统燕窝领导品牌，快速做到10亿元销售额，并成为品类创新的营销典范。

现在在分众传媒有个比较火的标杆案例叫每日黑巧，广告语是"每日黑巧0糖，新一代健康黑巧"，也是解决巧克力糖分高、不健康的痛点。

我们九德服务的抓痛点特性的定位案例有很多，南孚抓住消费者用电池"电量不耐用"的痛点，抢占第一特性"耐用"，广告语叫"电池要耐用，当然选南孚"，南孚电池从20亿元做到40亿元，销售额和利润翻一番。

另外，我们针对痛点做了一个标杆案例叫台铃电动车，我们调研发现整个电动车行业最大痛点不是高端、时尚，你高不高端跟我有什么关系？我们发现消费者的第一痛点是充电跑不远的续航问题，很多送外卖、快递、跑摩的等电动车用户，电动车充电非常不方便，我们就解决消费者的充电痛点和续航焦虑，所以，我们做的定位是"台铃，跑得更远的电动车，电动车跑得远是关键，跑得远，选台铃，一次充电600里"。我们从2018年年初做完这个定位之后，销售额基本上保持5年5倍增长，现在销售额从2017年的30亿元，做到2023年达到180亿元，成为行业第三，也是创造了整个定位界以及行业的神奇案例。

我们又服务了一个电动车行业的充管家充电器，我们做的定位是"充管家，更安全的电动车充电器，保护电池保护人"，也是针对电动车充电器容易起火和不安全的痛点而做出这个定位，所以，我们就想做一款更安全的电动车充电器，解决行业痛点。

还有，我们针对学校的塑胶跑道不环保和有毒的痛点，给远洋做的定位是"远洋，更环保的塑胶跑道"，远洋成为中国环保塑胶跑道的专家和领跑者。所以，抓住消费者痛点，您就能够号令天下。

第4大路径，运营层面的创新

运营层面的创新可以上升到品类创新，并形成有效的品牌差异化。运营层面的创新主要有4个方面：新技术催生，价格差异化，渠道差异化，多品类融合。战略源于战术，战术可放大成战略，运营层面的战术也可以上升到战略高度，运营层面的创新有很多，在这里我主要讲技术、价格、渠道、多品类融合这4种常见的方法。

第一，新技术催生。

运营创新最广泛的就是新技术的催生，技术革命开创新品类。比方说，爱迪生发明电灯造就通用电气，西门子发明发电机造就西门子公司，奔驰

精准定位

发明了汽车，可口可乐发明了可乐，椰树发明了椰汁。

一般高新技术创新的门槛很高，不是一般中小企业能玩的。相对而言，我们更推崇技术微创新，只需要在前辈基础上进行微创新改造，所谓"一抄二改三研四发"，就像牛顿说："我的成功是因为我站在巨人的肩膀上"，技术创新往往容易成为先驱先烈，技术微创新才更容易四两拨千斤，更容易成功。微创新主要是针对现有的技术进行改良革命和发展升级，全球有很多品牌都是通过传统技术的微创新而成功的。

比方说，苹果的图形界面电脑和智能触屏手机就是微创新。特斯拉通过电动汽车技术革命颠覆一切传统燃油汽车，导致现在奔驰、宝马、奥迪、通用等燃油车都是一片哀号，马斯克已快速成为全球首富，但是特斯拉的电动汽车新技术同样是微创新，因为特斯拉是马斯克收购的，电动汽车也不是他发明的，电动汽车的发明者是通用汽车。

在这里跟大家着重讲一下"全球品类之王和发明者"，为什么我们要倡导微创新？而不能一味钻技术的牛角尖成为先驱先烈，很多科技的品类之王并非就是发明者。

例如，能量饮料是日本的力保健在1962年发明的，但是直到1966年泰国的红牛才开始做能量饮料，并最终成为能量饮料的领导者；数码相机是柯达在1975年发明的，但是数码相机领导者是佳能；个人电脑是IBM在1981年发明的，但是戴尔和苹果相继成为全球电脑王者的品类之王，戴尔是在1984年之后开始做电脑；通用汽车1990年就发明了电动汽车，但是它自己没有自我革命，没有"壮士断腕"，直到2003年特斯拉开始做电动汽车，特斯拉源于交流电的发明者尼古拉·特斯拉，特斯拉是与爱迪生齐名的伟大科学家；智能手机是IBM西蒙在1993年发明的，但是苹果在2007年开始做智能手机，结果苹果成为全球智能手机的品类之王；现在最火的抖音并不是短视频软件的发明者，抖音是2016年才开始做短视频，微软集团在2009年就做了类似这种抖音短视频的软件。

所以，我们尽量不要做先驱先烈，而是要尽可能地用最快的方式踏着成功者的脚步，站在巨人的肩膀上进行微创新，更加稳妥和安全，还有很多这样的成功案例。

第二，价格差异化。

"价格差异化"是非常普遍的一种营销手段，寻找与对手价格上的空位相对容易操作，要么高端高质高价，要么低价薄利多销，一般中间价位就比较尴尬，但价格差异化一般很难长久地持续，高端价位成功的案例相对比低价成功的更多，低价非常容易陷入一片价格血战和价格红海，价格通常也只能成为一个战略的辅助，它很难成为一个核心战略，除非您是做专门与价格息息相关的渠道品牌。

比方说，沃尔玛超市、国美电器、拼多多电商等，它是专门做渠道的，价格就是一个很大的竞争力和差异化优势。同时，拼多多成为整个电商行业的"黑马"，它做的"拼着买更便宜"低价团购跟消费者的痛点和利益息息相关，所以它能上升到战略。哈根达斯专门做高端冰激凌，广告语是"爱她，就请她吃哈根达斯"，成为全球冰激凌的领导品牌。

第三，渠道差异化。

"渠道差异化"是中小微企业经营和创新非常重要的一个手段和力量，我们很多中小微企业，因为前期的资源非常有限，前期可以通过某一个差异化渠道发力，比方说互联网渠道，其实互联网渠道在诞生之初它本身就是一个新品类，这几年很多行业的品牌商战都是通过互联网颠覆的。

所以，互联网从现代意义来说，不仅仅是一个渠道工具，它有的时候也能成为一个新的品类，很多行业的"黑天鹅"都是通过互联网渠道差异化来颠覆它原有的领导品牌，而进一步发展壮大的。

比方说，小米互联网手机、三只松鼠互联网坚果、奥克斯互联网空调都做得很成功；还有，戴尔在早期是做直销电脑起家。

所以，中小微企业要与对手做渠道差异化，如果先把所有的资源聚焦在某一个特定渠道，有可能比全渠道发力会更高效一些。

第四，多品类融合。

精准定位

"多品类融合"是指用两个或者两个以上的传统的老品类融合杂交成新的融合品类。说白了，其实就是杂交，就是杂交水稻之父袁隆平干的活。但是，多品类融合的战略要点是新品类必须创造新的价值，要对老的品类有替代性，同时必须符合消费者的认知和使用习惯，不能违背消费者认知，多品类融合成功的关键还是要发现、发明、重组，而不是凭空地发明创造。

比如，娃哈哈曾经做的啤儿茶爽，就是啤酒加茶，因为味道很难喝，违背了消费者认知和使用习惯最终以失败收场；但是，娃哈哈做营养快线果乳饮料却大获成功，成为果乳饮料第一品牌，一年销售额高峰期达到150亿，果乳饮料就是牛奶加果汁，其实娃哈哈并不是果乳饮料的发明者，而是河北的小洋人妙恋。所以，娃哈哈、康师傅非常喜欢做品类杀手。

现在集成灶比较火，浙江有很多做集成灶的品牌，其中美大是集成灶的开创者，集成灶就是把油烟机、燃气灶、消毒柜、烤箱等各种厨电融合在一起，最终集成灶的综合性价比更高，并大大缩小了厨房电器的占有空间，有利于缓解消费者厨房空间比较小的痛点。我们也建议方太一定要去顺应消费者的认知去做品类封杀，方太也推出了集成灶，销售效果也非常好；方太还做了另外一个多品类融合，叫作方太水槽洗碗机，现在也做得非常好，未来的发展前景也很广阔，其实它是水槽和洗碗机的融合，既可以做水槽，也可以做洗碗机。

品类创新小结

我们讲到了品类创新的4大路径16大方法，第1个路径主要有：抢占心智空白、有品类无品牌、区域品类全国化、小众品类大众化、传统品类现代化；第2个路径主要有：产品层面的创新、原料差异化、制作差异化、形态差异化、特性差异化；第3个路径主要有：客户层面的创新，主要是性别差异化、年龄差异化、阶层差异化、痛点差异化；第4个路径主要有：运营层面的创新、新技术催生、价格差异化、渠道差异化、多品类融合。通过"4大路径16大方法"的思维路径来做品类创新，您学会了就会受益无穷。

我们做一个小结，品类创新等于传统品类加微创新，千万不要去搞发明创造，发明创造搞得越多，死得越惨，全球有很多超级实验室为什么都死掉，就是因其热衷于在家里闭门造车，脱离了消费者认知，甚至后来被一些懂营销的高手所反超。

品类创新是最根本的差异化定位方法，品类创新是消费者选购产品新的分类，消费者是以品类为思考，用品牌来表达。新品类就是消费者选购产品的新的分类，超级新品类催生超级的爆品，品类是隐藏在品牌背后的关键力量。所以，您要做品牌差异化定位，其实第一步就该做品类创新，先研究品类，再研究定位和产品，同时，品类创新与品牌战略定位是融为一体的，它是一个系统工程。

具体在做品类创新操作时，我们也会把这"4大路径16大方法"进行多种方法融合和杂交，并需要用不同的排列组合来排兵布阵就能创造更神奇的威力，并要符合"君臣佐使"这个最基本原则，君是主，臣是宰相，佐是辅佐人才，使是使唤太监，必须要符合这个主次搭配，才能达到一个最好的效果。

03 如何打造超级爆品

做了品类创新后，就需要打造超级爆品，如何打造超级爆品？我们总结了打造超级爆品的系统方法供您参考。

超级爆品4大要点

第一，超级品类。

这个品类符合趋势和发展机会，是一个大的风口，它是刚需、大众、高频,而不是小需、小众、低频,像衣食住行、吃喝拉撒睡和互联网等大众行业更容易产生大品牌。

第二,超级痛点。

我们可以把消费者最大痛点变成最大卖点,也自然而然可以造就超级的品类和品牌。

第三,超级话语。

我们必须要有一句超级的广告语来引爆销售。

第四,超级符号。

我们还要善于运用超级符号来打造超级品牌。

例如,红牛功能饮料、王老吉凉茶、元气森林气泡水、公牛插座等,这都是超级品类,还有农夫山泉天然水,每个人都要喝水,水是生命之源,所以农夫山泉成为亚洲首富,超级品类自然打造超级品牌。

打造超级品类首先要学会抓风口品类,风口品类太重要了,马云说:"最高明的战略是预见",我们要研判5年、10年之后一个风口,再去提前布局它,就会赢在起跑线。我总结检验风口品类有4大标准:第一,增速快,3年的复合增长率是30%以上;第二,容量大,目前的市场容量最好是100亿元;第三,利润高,最好有10%~30%的利润率;第四,竞争分散,领导品牌所占市场份额最好低于15%。

很多成功品牌都是因为比对手更快、更早、更准、更狠地强占了一个风口品类,才能更有力地赢得市场。不管是王老吉凉茶、公牛插座、农夫山泉、小罐茶、元气森林、妙可蓝多、洽洽每日坚果,还是我服务的蓝月亮洗衣液等,它们都是在某个阶段抓住了这个风口品类。

爆品与其品类和痛点会形成因果辩证关系,比如,痛点相当于这个果树的土壤,只有大的痛点才能孕育出好的大树,大树强壮才能结出更好的果实,痛点孕育品类,品类孕育爆品,痛点越大,自然品类越大,爆品越大。所以,痛点是土壤,品类是树干,爆品是果实。

元气森林、农夫山泉就是解决了一个大的痛点,造就了超级爆品和超级品牌；电动汽车行业，特斯拉的 model Y、model 3 成为全球整个电动汽车的销售第一名和第二名，是因为全球能源危机，加油特别贵，电动汽车只要能插电充电就行了，它解决了全人类一个巨大问题和痛点，自然造就巨大的品类和果实。

打造超级爆品 5 大步骤

具体如何打造超级爆品呢？

我们专门总结了打造超级爆品 5 大步骤供大家参考和使用。

第一步，找对风口；

第二步，找准痛点；

第三步，流量转换；

第四步，粉丝营销；

第五步，快速迭代。

比如，茅台找到酱香白酒这个风口，找准了我们在酒桌上需要用某个身份象征的白酒来社交的痛点，然后，通过线上线下流量转换和粉丝营销。

可口可乐从"西药房药水"到成为全球最畅销的饮料，主要是解决"提神醒脑"的痛点。

王老吉解决了中国 5000 年的"怕上火"的痛点；椰树椰汁解决"需要丰胸"的痛点；六个核桃解决"需要健脑"的痛点，很多小孩子感觉脑子不聪明，就要多喝六个核桃来补脑；农夫山泉解决"纯净水无益于健康，只有天然水才更健康"的巨大痛点；元气森林提出"0 糖 0 脂 0 卡"气泡水，解决喝高糖饮料不健康问题。

还有，蓝月亮解决了洗衣粉洗衣服不方便和容易把衣服给洗坏的问题；足力健老人鞋成为一个超级品类，是因为它解决了老人易摔倒、挤脚、崴脚等担心的问题。这些成功的超级爆品基本都是符合找对风口、找准痛点、流量转换、粉丝营销、快速迭代这 5 大打造爆品步骤。

第四章 如何做定位广告语

精准定位

01 如何做广告语？广告语4大原则6大步骤

我们打造品牌最核心的利器就是广告语，俗话说："一言以兴邦，一言以丧邦"，一个广告语可以让品牌畅销全世界，一句好的广告语相当于10万个销售员。

广告语4大核心作用

为什么一定要有定位广告语？我们总结定位广告语有4大作用。

第一，引爆客户心智。

从外部消费者角度，广告语能够快速引爆客户心智，让品牌快速传播和创造销售。

第二，凝聚内部人心。

从内部员工角度，广告语能够指导和凝聚内部的中高层、股东和基层员工的人心。

第三，防范区隔竞争。

从竞争对手角度，广告语能够让品牌与对手形成差异化区隔，做到权威性、稀缺性和排他性，并形成独特的私有财产。

第四，传播社会价值。

从社会层面来说，广告语就能够有力地向全社会和全人类传播一种社会价值。

比方说"怕上火，喝王老吉"，可以告诉消费者喝王老吉的好处是能"下火"而创造销售，让所有的员工都知道要围绕这句话去言行一致，并去努力做到让这个产品能"下火"，从而凝聚内部人心；另外，与可口可乐等竞争对手形成差异化区隔；最后，也代表中国中草药凉茶向全人类传递"下火"的功能价值。

再比方说"爱干净，住汉庭"，对外能够快速地创造消费者和引爆客户心智；对内让保洁阿姨、前台、后期等所有员工都知道把酒店打扫得更干净；然后防范竞争，封杀品类，封杀特性；最后，也在向社会传递如果需要更加干净的商务酒店，选汉庭就对了，减少社会的交易成本。

定位广告语6大常见误区

并不是所有的广告语都是有效的，不管是央视，还是分众电梯和互联网广告等，在我们看来有80%的广告语都是不精准的，甚至都是错误的，我们总结了定位广告语的6大常见误区。

第一，缺乏定位销售。

广告语第一大导向就是要能够卖货，不能卖货的广告语都是"耍流氓"，都是在浪费表情。

第二，诉求点太多。

就是您想说的东西太多，老子说："少则得，多则惑"，少就是多，多就是少，我们要单一精准地说一个点，把一个点说透就行了，切忌贪多。

第三，正确的废话。

我们经常说了很多废话，比方说"农业银行，大行德广，伴你成长"，客户的德行跟银行有什么关系？我认为是正确的废话。

第四，偏形象创意。

就像"青岛纯生，鲜活人生""雪花勇闯天涯"，跟我喝啤酒有什么关系呢？都是浪费巨大广告费的创意。曾经有一个非常著名的广告语，叫作"男人就应该对自己狠一点"，这个广告语就偏形象创意，它对柒牌男装是不能真正起到一个持续有效的销售作用的，我认为要打上一个大大的问号。

第五，需要再解释。

您的广告语如果需要解释的话，我们的专业建议是请直接用解释的那

精准定位

一句通俗易懂的话就行了，很多广告语都在盲目追求晦涩难懂的意境，这是一个巨大误区。我们看李白、白居易写诗就是要做到80岁老太太和3岁的小孩子都能听懂，好的诗词和广告语一定要简单明了，不需要解释。

第六，经常变动。

很多广告语今年一小变，明年一大变，这样很多品牌资源都浪费掉了，也无法持续高效地积累品牌资产和打造品牌。真正的品牌价值需要连续多年才能在消费者心智中形成固化，很多企业家总是缺乏坚定和坚持，总是等不及心智固化就抢着更新。广告语做多做新不如做少做透，70分的坚定胜过90分的飘摇。

很多人举例说："耐克的Just do it 就是偏形象创意的成功案例"，在这里我需要明确回答说："偏形象创意的广告语是已经成功品牌的特例特权"。耐克已经成为全球的运动服装第一品牌，它已经做了几十年，包括麦当劳、肯德基、星巴克很多大品牌和奢侈品牌都是偏形象创意，因为它已经经过了几十年，甚至上百年的发展，它已经很成功了，已经建立强大的认知和定位，再搞点形象创意就无所谓了。比如，特步请谢霆锋代言做的形象广告语是"飞一般的感觉"，但是特步现在的定位广告语是"世界级中国跑步鞋"，跑步鞋的定位才是特步成功的核心关键。

我之前参与服务唯品会，我们以前给它做的广告语是："唯品会，一家专门做特卖的网站"，唯品会快速成为中国第三大电商网站，它后来搞形象创意把广告语改成叫"全球精选，正品特卖"，这个广告语的诉求点就比较多，"全球精选，正品特卖"会让别人感觉您就是第二个淘宝，"全球精选"是想说"我什么都有，全球的货品都有"，"正品特卖"是说"我所有正品都在搞特价特卖"，诉求点太多就把您要表达的东西都稀释掉了，还不如仅仅只说一个点"一家专门做特卖的网站"，会更加单一、简单、精准、高效。

王老吉在2002年做定位前它的广告语是"健康家庭，永远相伴"，这句话就是偏形象创意，可以套在很多品牌上作为通用广告语来使用，是一句正确的废话,最致命的缺点就是不能卖货,改成"怕上火,喝王老吉"之后,就更加粗暴、简单、精准、高效,这才是真正有效的定位广告语。

再讲个反面教材,红牛高峰期一年销售额超 250 亿元,它最早的广告语是"渴了喝红牛,困了、累了更要喝红牛",后来改成"你的能量超乎你的想象",完全偏形象创意,有点劳民伤财,这就是一个极其错误的广告语。广告语很重要的一个检验标准就是"销售员用不用",请问销售人员在卖红牛的时候是否会说"红牛,你的能量超乎你的想象",是否会让听众觉得你有点神经病?"渴了喝红牛,困了、累了更要喝红牛"是不是更简单高效?刚好与消费者痛点和需求点相结合,后来东鹏特饮就把红牛这句丢弃的广告语捡起来重新用,结果东鹏特饮从几亿元做到现在的 60 亿元,马上就是 100 亿元了。所以,这就是非常值得我们去反思的经验和教训。

我们在几年前服务过怡宝,怡宝的两个广告语都非常糟糕,它叫作"你我的怡宝",偏形象创意,消费者完全听不懂,然后"心纯净,行至美"更是一个非常佛系的广告语,但都是非常正确的废话,我认为都是劳民伤财。有很多像怡宝这样的品牌广告语,每年广告费花了几亿元,但是宣传一个非常错误的广告语,您的钱 60% 以上都浪费了。我们广告界有一句名言:"我知道我的广告有一半是浪费了,但我不知道是哪一半浪费了",其实最根本原因是您没有做出最简单精准的定位广告才浪费掉,后来我们帮怡宝改成"安全饮用水,喝怡宝;中国纯净水领导品牌",当然,怡宝也没有把我这句更有价值的广告语真正采纳和坚持使用,实在可惜可叹。所以,怡宝每年的广告量虽然很大,但是它的利润率却比农夫山泉要低很多。

我们服务金彭三轮车,它以前的广告语叫"真金品质,鹏程万里",偏形象创意,也是花了好几百万请了国际知名 4A 广告公司来做的,它们公司高管炫耀说:"真金品质,鹏程万里,这里面有个'金'和'鹏'合起来就是金彭这个品牌名"。后来我们把广告语改成"金彭,全球电动三轮车领跑者;结实耐用,使用寿命是普通三轮车的两倍",虽然它比较缺乏创意,但是非常简单、粗暴、精准、高效,后来金彭通过这个定位广告语打败了宗申，成为中国乃至全球真正的全球电动三轮车领导者，从30亿元做到现在近100亿元。

广告语检验4大原则

如何检验广告语是否精准有效？我们总结了广告语检验的4大原则，供大家参考和使用。

第一，客户认。消费者听到广告语后会打动购买吗？

第二，销售用。销售员销售时会使用这句广告语吗？

第三，对手恨。竞争对手听到这句广告语后会抽你吗？

第四，社会传。社会会帮你传播这句广告语吗？

最后一个标准，社会传不传？是检验前三大原则的最核心标准。

比方说"怕上火，喝加多宝"这句广告语，消费者听到之后肯定会被打动购买，销售员在销售时会使用说"喝加多宝能够帮你下火"，它的对手王老吉会不会特别恨它？最后整个社会也都在疯狂传播这句广告语。

改革开放40年以来，"今年过节不收礼，收礼就收脑白金"这句话有可能是最恶俗和传播最广的广告语，但是它却是最精准有效的，也完全符合客户认、销售用、对手恨、社会传这4大原则。每年春节史玉柱在央视一打这句广告语，脑白金每年的销售额就是10亿元以上，它每年纯利润超过1亿元，历经20年经久不衰。所以，"怕上火，喝王老吉""爱干净，住汉庭""经常用脑，多喝六个核桃""美团外卖，送啥都快"等经典成功广告语都符合这4大原则。

再举个反面案例，农业银行的广告语是"大行德广，伴你成长"，我们去农行前台办理业务时，如果农行的营业员见面就对您说"大行德广，伴你成长"，您会不会觉得对方有点神经病，被吓住了，它非常不符合口语表达习惯，客户不会认，销售也不会用。

定位广告语创作 6 大标准

那如何创作最有效的广告语？我们也精心总结了广告语创作的 6 大标准，供大家参考和使用。

第一，传递定位。

定位广告语必须简单高效地传递品牌的独特定位。

第二，引爆销售。

广告语必须以销售和卖货为导向，否则就是劳民伤财，就是祸国殃民，就是"耍流氓"。

第三，单一精准。

广告语只能单一精准一致地诉求一个点，切记贪多嚼不烂。

第四，行动句优于陈述句。

用一句广告话说服消费者购买行动，比较常见的广告语是行动句或者陈述句，当然，行动句优于陈述句，最好是用一句行动句来打动顾客购买。

第五，句式押韵顺口。

广告语的语句最好能够对仗和押韵，这是一个更高的境界。当然前面四个标准是要力求做到做对，能做到这第五个标准押韵顺口就是锦上添花，更加完美而已。

第六，穿越时空。

广告语最好能全球通用并管用 100 年。这也是更高境界和层面的要求，好的广告语可以 100 年不动摇，它能够跨越国家和地区，全世界都能通用。

具体什么叫行动句和陈述句？像"爱干净，住汉庭""怕上火，喝王老吉""美团外卖，送啥都快""今年过节不收礼，收礼就收脑白金"，都是非常好的行动句；"飞鹤奶粉，更适合中国宝宝体质""台铃，跑得更远的电动车""蓝月亮，中国洗衣液领导品牌"就是陈述句。

广告语的本质是修辞学，古希腊哲学集大成者亚里士多德说："修辞学是说服人相信，并促使人行动的语言艺术。"修辞学原理与广告语原理本质上是异曲同工，修辞学是广告学的鼻祖，广告语也是说服人相信并促使人行动购买的语言艺术，就是一个非常好的修辞学，他讲到修辞学4条标准：第一，普通道理；第二，简单字词；第三，有节奏的句式和押韵；第四，使人愉悦。

"普通道理"就是要有普世性，"简单字词"是指千万不要晦涩难懂，"有节奏的句式"就最好是押韵对仗，"使人愉悦"是因为人一开心就容易有购买行动。所以，我们的行动和广告，要么是让别人开心购买愉悦，要么是切中别人痛点。人们行动有两大动力，要么是逃离痛苦，要么是追求愉悦；追求愉悦也是我从不愉悦到愉悦的过程，"爱干净，住汉庭""怕上火，喝王老吉"都符合这种最基本的修辞学原理。

最好的广告语口口相传

口口相传的话俗称谚语，谚语是人类口口相传的智慧忠告，它是没有心理防线的行动指令，谚语是记忆和传播最高效的句式，最大特点是对仗和押韵，因为"只要你押韵，大家就会信"。

比方说，李自成闹革命成为农民起义的一个高峰，他的广告语"迎闯王，不纳粮"押 ang 韵；"不听老人言，吃亏在眼前"押 an 韵；"一天一苹果，医生远离我"押 o 韵；"饭后走一走，活到九十九"押 iu 韵；"一个篱笆三个桩，一个好汉三个帮"押 ang 韵。

自古以来，很多经典诗句流传至今，它都是要押韵的，就像李白、杜甫、白居易、苏东坡他们写的诗都是要押韵的，我们帮金彭三轮车做的广告语"宁买金彭贵一千，不买杂牌骑半年"押 an 韵，这些谚语就是最好的广告语，可以口口相传和流传至今，而且能够使人愉悦，有行动指令。

因为"一天一苹果，医生远离我"就是这句谚语说服了我，我在大学的时候就每天坚持吃一个苹果；很多老人每天吃完晚饭之后要走一走，因为有句谚语叫作"饭后走一走，活到九十九"。

我们再看还有哪些广告语是押韵而成功的呢？其实有很多，比方说"好空调，格力造"押韵 ao；"买电器到国美，花钱不后悔"押韵 ei，这是国美曾经创造的辉煌，使黄光裕成为中国首富；我服务过六个核桃，"经常用脑，多喝六个核桃"押韵 ao；我也服务过厨邦酱油，"厨邦酱油天然鲜，晒足180天"押韵 an；"农夫山泉有点甜"押韵 an；"滋补国宝，东阿阿胶"押韵 ao；"爱干净，住汉庭"押韵 ing；"美团外卖，送啥都快"押韵 ai；"米饭要讲究，就吃老娘舅"押韵 iu。

所以，神奇的广告语是一定要口口相传的。当然，我们帮很多客户制定广告语的原则是要"先做对再做好"，广告语都能做到押韵也是可遇不可求的，押韵的广告语能够节省一半的广告费，花1000万元达到1亿元的广告效果，花1亿元达到10亿元的效果。

最好的广告语超越时空

最好的广告语能够管用100年，能够在全世界通用，没有国界。

比方说，"仁者爱人""道法自然""普度众生"这些广告语能够穿越时空，从2500年前，到现在一直在用，不管是中国、亚洲还是在全球都在用，并能够穿越2000年，而且穿越全世界200多个国家和地区。梁山宋江的广告语叫"替天行道"是不是能够穿越时空？国父孙中山的广告语叫"天下为公"是不是到现在还能使用？

一句广告语能不能管用100年，它的标准是看100年前能不能用，我们看这个广告语能不能再管用1000年，我们看1000年前是否能使用？中国历史上下5000年，从三皇五帝的时候就倡导天下为公，所以，中山先生的"天下为公"肯定能管用5000年。"为人民服务"这句话能不能继续管用1000年？我们相信肯定是可以的，因为只要人类继续存在，就需要为人民服务，不分国籍、不分民族和种族都可以管用。所以，好的广告语它能够穿越时空，我们的广告语就要像这样参考学习，不能今天变、明天变，后天再变，这都是非常愚蠢的。

定位广告语创作 6 大步骤

具体如何创作一个精准有效的广告语呢？

我们也精心总结出创作广告语的 6 大步骤，供大家参考和使用。

第一步，明确品牌战略定位。

第二步，提取定位特性关键词。

第三步，带上品牌名和品类名。

第四步，将品牌和特性词组合。

第五步，将组合句再创意表达。

第六步，句式要押韵顺口。

广告语的前提一定是定位，并不只是一个简单的创意。十几年来，有很多企业包括国企邀请我帮他们写广告语，甚至做有偿的广告语征集，但是我都非常明确地拒绝了，我的答复是广告语是个系统工程，不是一个简单的创意。首先，要明确战略定位，先有定位，后有广告语。另外，需要再三强调的是广告语最好带上品牌名和品类名，很多品牌传播一句话，连品牌名都记不住，所以，广告语里面带上名字，就保证您的广告费不会浪费，做品牌的前提就是要包装品牌名字，让别人记住您的名字是及其重要的事情。

我们来看定位界第一案例王老吉，我们用这个公式来对照王老吉的广告语怎么来的，这个广告语帮助王老吉和加多宝这两个品牌销售额加在一起超过 300 亿元。王老吉的定位是预防上火的凉茶饮料，它的定位特性词是"下火"，然后再带上品牌名，就是"要下火，喝王老吉"；但是这个广告语直接诉求功能是不符合法务的，所以通过法务再创意一遍，叫作"怕上火，喝王老吉"，同时，这个"怕"字又把王老吉的需求又扩大了 10 倍，因为"怕上火"与"已经上火"相比，它的客户人群需求量又放大了 10 倍；句式尽可能地押韵顺口，"怕上火，喝王老吉"它也是相对而言比较顺口。

很多大品牌的广告语，其实基本上都都符合这 6 大步骤。茅台的定位是国酒，所以它的广告语很简单，就四个字叫"国酒茅台"；六个核桃的定位是健脑饮料，特性词是健脑，广告语是"经常用脑，多喝六个核桃"；公牛的定位就是安全插座专家，广告语是"公牛安全插座，保护电器保护人"；元气森林的定位是低糖气泡水，广告语是"元气森林，0糖0脂0卡"；简醇的广告语是"怕蔗糖，喝简醇"。这些广告语成功的核心前提都是先有定位，再提取定位推荐词，然后将特性词跟您的品牌品类连在一起，再去创意，去押韵顺口，广告语要先做对再做好。

我们再看一下，知名的互联网品牌怎么做广告语？广告语第一个最简单的法门和绝招是封杀品类"占品类"，能够让品牌与品类画等号，是一个屡试不爽的标杆或共识。比方说，"买家电，上京东""支付，就用支付宝""拉货，就找货拉拉""好工作，上智联招聘""瓜子二手车直卖网，没有中间商赚差价"等。广告语第二个绝招是封杀特性"抢特性"，就是广告语里让品牌与特性画等号，"美团外卖，送啥都快""拼着买更便宜，拼多多"等都是符合这个原则。

九德服务客户广告语

我们九德定位服务了哪些品牌广告语呢？比方说，"电池要耐用，当然选南孚"，这么多年南孚所有的广告语都是围绕"耐用"特性来诉求的，南孚的第二品牌丰蓝1号广告语叫"燃气灶电池，用丰蓝1号；高温下更耐用"；还有，"金牌厨柜，更专业的高端厨柜；环保的厨柜，用金牌厨柜"；"台铃，跑得更远的电动车；中国三大电动车品牌之一"；"金彭，全球电动三轮车领跑者"，而且"宁买金彭贵一千，不买杂牌骑半年"这句广告语也是押韵的。广告语首先只要做到传递精准定位，您就已经得到了80分以上，再押韵的话就能达到90分以上。

再讲几个我们服务的中小品牌的广告语，比如"鸡大哥原汤鸡粉，减半用一样鲜"；"充管家，更安全的电动车充电器，保护电池保护人"；"吃五常大米，选稻花1号，米饭香甜，孩子更爱吃"；"学生用油，用豆冠天

精准定位

然大豆油，非转基因更健康"；"远洋，更环保的塑胶跑道"；"李家芝麻官，高端芝麻酱领先品牌"；"吃地道西北菜，就到大秦地"；"江南贡泉，真正的天然山泉水，活的高山泉水"；"洞庭山泉，天然好水新选择"等，广告语的根本是一个系统工程，更需要做针对性的系统研究分析。

没有广告语能否成功

很多人会问我说："做品牌要成功，是不是一定要有广告语"？这个世界上没有绝对的真理，真理的背后还有真理。当然，我们永远要像马斯克一样不断探求第一性原理，研究万事万物的第一动力、第一本质，广告语的本质是传递精准定位和创造顾客。

也有很多知名品牌没有一句脍炙人口的广告语，但是同样也很成功，是因为它本身有精准定位，其广告语也蕴含其中。比如说，苹果手机没有一个核心广告语，但苹果是智能手机的开创者；奔驰也没有一个核心广告语，但奔驰是适合乘坐的尊贵汽车；"宝马，驾驶乐趣"；"海底捞火锅，服务更好"；"京东电商，送货更快"。

广告语背后的核心是战略，广告语只是这个战略定位的冰山一角。当然，说一千道一万，我坚定认为定位广告语还是必不可少，一言以兴邦，一言一丧邦，一条广告语可以让一个品牌畅销全世界。从打造品牌的品牌学、传播学和定位理论来说，要想快速地抢占心智，快速的传播和打造品牌，最好是要有一句非常高效的超级的广告语。比方说，"今年过节不收礼，收礼就收脑白金""怕上火，喝王老吉""农夫山泉有点甜""美团外卖，送啥都快""Boss直聘，找工作跟老板谈""铂爵旅拍，想去哪拍就去哪拍"等，这些广告语都是非常简单、精准、高效、重复、一致的。

定位广告语小结

最后，我们做一个广告语小结，定位广告语的本质是通过一句话来高效传递定位并打动顾客购买行动。

定位广告语不是一个简单创意,而是品牌独特定位的表达,传递非买不可的购买理由。广告语的前提是先有精准定位,后有广告和创意,然后再传递定位价值,才能让您的品牌成为顾客的优先选择。

广告语的本质不是播而是传,是我们要写一句话发动全社会替我们去传播,广告语不是说一句话说给消费者听,而是设计一句话让消费者说给别人听,您的广告语才能够事半功倍,甚至事半 N 倍,花 1 亿元达到 10 亿元的效果。全世界有 80 亿人口,中国有 14 亿人口,您的广告费永远是有限的,但是打造品牌最高境界就是把所有的消费者,把全人类和全社会人都变成了您的推销员来帮您去传播,您做的广告语只能作为引爆人类心智的一个小小导火索。打造品牌并不是完全靠钱,很多事情靠钱也成功不了。

比方说,许家印做恒大冰泉亏了 40 亿元是因为它没有精准定位,恒大冰泉疯狂轰广告并请了范冰冰、成龙等众多明星,但是最终以失败告终。所以,我们要把 14 亿中国人都变成推销员,才是打造品牌的至高境界。我们都知道让人非常讨厌的"今年过节不收礼,收礼就收脑白金"这个广告语,不管您买不买脑白金,但是您却记住了这句广告语。如果我们去买礼品,您可能根本找不到一个比脑白金更合适的品牌来送礼,所以,它就省了很多广告费,就赚了很多钱。如果您只靠自己去花钱做广告推广,最终您赚的钱一定是负数,因为您的成本一定很高。

广告语要一目了然,一见如故,一见倾心,不胫而走,奔走相告,做到俗语不设防。并且,需要着重强调的是广告语一定是口语,一定不能是书面语。因为口语在口语和书面语上都能去顺利传播,通过嘴巴和耳朵一起传播,但是书面语就不利于口语传播,就达不到眼耳鼻舌声意的视觉、听觉、嗅觉、味觉、感觉等全方位器官来立体感知传播,广告语就是通过口语告诉消费者我的购买理由来打动购买,否则您的广告语就是劳民伤财。

现在不管是央视,还是分众电梯广告和互联网广告等众多广告,在我们看来,有 80% 的广告语都是无效的,甚至都是错误的,都是劳民伤财,很多广告费都大大浪费了。我时刻在想这些企业有这么多钱浪费,您还不如在中国捐赠一下西部的失学儿童或者孤寡老人来做点慈善，或者非洲的一些穷苦人群，更加功德无量。同时，这就是我们这些定位专家和广告人存在的价值，这也是我徐雄俊毕生的使命和责任所在。

如果我们把上面"广告语创作6大标准和6大步骤"都搞清楚了，您的广告语不会差，上面我们列举这些成功的广告语都创造了上百亿元、上千亿元的年销售额，它同样就能帮您省很多钱，可能您花几百万元、上千万元请个咨询公司和广告公司帮您做的广告语都是错误的。所以，大家一定要认真对照上面这个"广告语检验4大原则"和"广告语创作6大标准"来检验一下。最终，我们要时刻谨记您的广告语必须要传递定位和创造销售，这就是我们万法不离其宗的根本宗旨。

02 如何做广告片？定位广告片5大标准

其实广告片就是广告语的放大，广告语把它放大变成一个15秒的视频就是广告片。

广告语就像我们写文章的一个标题，广告片就是一个简单的15秒、30秒的论点论据。

广告片6大误区

首先讲一下广告片的误区，我们很多企业花了几百万元、上千万元请了国际4A广告公司做的广告片大都是害人不浅和误人子弟。

我们总结了广告片6大常见误区，看您有没有进入这个误区，或者您不要踩这个坑。

第一，缺乏定位销售。

很多广告片过于追求唯美，但缺乏定位销售，就是不卖货。

第二，没有凸显产品。

很多广告片没有把产品凸显出来，产品没有成为主角。

第三，明星喧宾夺主。

很多广告片过于凸显明星，消费者只记住了明星，而没有记住品牌和产品，这就是为明星做嫁衣。

第四，诉求内容太多。

很多广告片贪多求全，诉求点太多，没有单一、精准、高效地诉求一个点。

第五，创意晦涩难懂。

很多广告片搞了很多复杂难解的创意，把受众搞得无法理解，无所适从。

第六，有画面无声音。

很多广告片里面只有画面，没有声音传导，形成哑剧，更是让人匪夷所思。

消费者从来不会去研究和揣测您的广告片，特别是在移动互联网和短视频时代，所有品牌上台展示的时间都只有5秒钟，您能5秒时间让消费者心智记住就会记住，否则就会过滤翻篇。所以，您的广告片要以销售为导向，要快速凸显产品，单一精准诉求一点，简单直接粗暴。

还有，我们很多客户和企业都喜欢学习国际4A广告公司或者奢侈品大牌的风格，把广告片做成没有声音，这绝对是天大的劳民伤财。我们看电视或者分众电梯等广告，经常就不会看广告屏幕，我们经常会低着头盯着自己的手机看，谁天天眼睛盯着您的广告看啊？或者是我们看电视在放广告时，可能马上跑去上厕所冲马桶去了，但是如果有声音，客户在上厕所时是不是也能听到广告声音？或者，您没有盯着广告屏幕看也能听到这个广告词的声音，所以，广告片一定是要有声音的。

广告片5大核心问题

要真正做好广告片，我们必须先搞清楚定位片的5大核心问题。

精准定位

广告片是15秒打天下。

20年前广告片一般都是30秒，但是现在，央视的黄金时段越来越贵，像央视新闻联播到天气预报之间的"国家品牌打造计划"时间，没有两个亿广告费根本上不去。以前投30秒是因为成本较低，现在因为成本更高，一般都是15秒打天下。按照一般广告片的行规，1秒说4个字符，包括标点符号，15秒时间一般是60个字符，具体字数一般是在45个字左右。所以，我们看到的很多央视和分众电梯的15秒广告片一般都是45个字左右。

广告片就是"耍把戏"。

好的广告片需要像杂技耍把戏一样吸引眼球，从而让别人能够注意到您，先激发受众感兴趣后他才能听您讲什么，前5秒别人不感兴趣，或者不精彩、不好玩、不有趣，没有冲突和戏剧性，那您的广告效果就会大打折扣。反之就能事半功倍，事半N倍，花1000万元达到花1亿元的效果，花1亿元达到花10亿元的效果，真正达到四两拨千斤的神奇效果。

广告片的主角永远是产品。

好的广告片必须让产品成为"英雄"。我们为什么喜欢去拜神和崇拜英雄圣贤？因为在我们心中他就是英雄主角。宝洁公司曾经一度是整个全球品牌的黄埔军校，它有一个核心的广告原则就是："广告片在5秒钟内一定要出现产品。"所以，宝洁的海飞丝、飘柔、汰渍、佳洁士、舒肤佳等知名品牌的广告片都是要求在5秒钟内就出现产品，而有很多15秒广告片的前面10秒还在讲其他与产品无关的废话，主角产品迟迟没出现，这样您的广告费50%都浪费了，这叫"没文化真可怕"。

广告片是眼耳鼻舌身意的刺激销售。

好的广告片必须要做到"眼耳鼻舌身意"6觉的全方位刺激，这样才能真正达到最好的广告效果。比方说，"boss直聘，找工作跟老板谈""想去哪拍，就去哪拍，铂爵旅拍""查企业，上企查查"等成功电梯广告片，还有像"怕上火，喝王老吉""爱干净，住汉庭""美团外卖，送啥都快"等成功广告片都能够眼耳鼻舌身意刺激销售。

广告片的目的是传递定位和创造顾客。

我们永远不要忘记我们的初衷，广告语、广告片最核心的目的都是更高效地去传递定位和创造销售，只有传递好了精准定位，才会产生良好的销售业绩，才能真正打造品牌。

下面讲一下广告片的结构，我总结了一个江湖比武对话的四段论，我非常喜欢看金庸的武侠剧《笑傲江湖》《射雕英雄传》等。比如，令狐冲要跟另外一个武林高手比武，两个人见面一般要先自报家门，基本有四段对话和流程，第一个要问"来者何人？"，然后就是"何门何派？""有何绝招？""何以见得？"。于是，令狐冲就会这样说和展示："在下令狐冲，来自华山派，我的绝招是独孤九剑"，接下来就是要打一架验证一下。大道相通，"来者何人"就是回答您的品牌名，"何门何派"就是您的品类名，"有何绝招"就是您独特的差异化优势，"何以见得"就是您的定位信任状。所以，我们定位界冯卫东老师提出的"品牌三问"非常精准有力，就是任何一个品牌必须回答"你是什么？有何不同？何以见得？"三个核心问题，稍微变通一下，"你是什么"就是回答品牌名和品类名，"有何不同"就是我独特的差异化定位，"何以见得"就是定位信任状和支撑点。

古希腊哲学也有个经典的"人生三段论"，"我是谁？我来自哪里？我将去向何处？"，西游记里面唐僧的回答也刚好符合这个"人生三段论"，唐僧经常说："贫僧唐玄奘，自东土大唐而来，去往西天拜佛求经。"再比方说，在新冠疫情防控期间，我们到一个写字楼会被保安拦住说"你是谁？你从哪里来？你来干吗？"，我们每次都要填这三个问题。所以，大道至简，您的品牌同样必须回答这个"人生三段论"的哲学问题，我们很多企业家、专家都不知道最原始的宇宙人生哲学，这让我们非常可悲，我在这里也是为了跟大家厘清思路，让大家减少误区，少踩坑，少走弯路，真正地协助我们更高效地打造品牌和提升销售。

宝洁在整个日化行业连续多年都是处于垄断地位，宝洁公司在全球攻城略地，创造了100多个知名品牌，宝洁也提出了非常著名的"广告三段论":第一,"提出问题";第二,"给出答案";第三,"提供证明点"。比如,海飞丝提出问题:"头屑为什么洗不掉?",下句给出答案:"赶快用海飞丝!",第三句提供证明点:"海飞丝有独特的去屑因子。"宝洁最擅长的广告表达手法是"自问自答法"和"对比法",我们顺便看看"对比法",还是用海飞丝举例:"用了很多洗发水,但头屑还是洗不了,后来用了海飞丝,头屑一扫而光。"包括汰渍的对比法:"用普通的洗衣粉衣服洗不干净,有汰渍,没污渍。""自问自答法"和"对比法"都是非常有价值的广告片绝招。

广告片的品牌故事

广告片的核心灵魂是定位品牌故事,定位品牌故事就是15秒的广告片的文案脚本。那如何做定位品牌故事呢?

定位品牌故事脚本5大要点。

第一,定位广告语。

第二,定位信任状。

第三,产品差异点。

第四,购买利益点。

第五,重复广告语。

产品差异点和购买利益点是广告语的再一次强化加深和补充,一般您的利益点和差异点就蕴藏在广告语里面。比如"美团外卖,送啥都快",它的利益点和差异点是"送啥都快",然后重复再重复,广告语传播一个核心的原则叫"简单重复,直到你吐","今年过节不收礼,收礼就收脑白金"重复到您吐了就买了,它就成为礼品的第一品牌。

定位品牌故事5种表达方式。

第一,直接诉求。

很多广告片都是直接诉求,比如"飞鹤奶粉,更适合中国宝宝体质"。

第二,创意表达。

"怕上火，喝王老吉"，Boss 直聘都是采用非常有效的创意表达。

第三，新闻播报。

比如老板油烟机的广告片脚本："中国每卖 10 台大吸力油烟机，有 6 台是老板"。

第四，故事呈现。

比如，米其林轮胎的广告片讲了一个小故事："在大雨纷飞的晚上，米其林轮胎刹车缩短 1 米挽救了车主一家人的生命安全。"

第五，自问自答。

比如，台铃电动车"哪个电动车跑得更远？台铃，一次充电 600 里；台铃，跑得更远的电动车"，自问自答品牌故事有很多，效果也很好。

定位广告片创作 5 大标准

我们不仅要懂战略，还要懂具体操作落地的步骤，做到大处要壮阔，小处要锋利，这样"道法术器一体"才能真正帮助客户打赢商战。具体如何创作广告片呢？我们也精心总结了广告片创作的 5 大标准，供大家参考和使用。

第一，让人记住您叫什么名字。

第二，让人记住您长什么样。

第三，传播一句精准定位广告语。

第四，用定位信任状来支撑广告语。

第五，给一个产品使用场景示范。

我们看王老吉的广告片，它是不是让别人记住我的名字叫王老吉，记住我的长相是个红罐，永远传播一句话"怕上火，喝王老吉"，然后永远表达"吃火锅喝凉茶"的使用场景，脑白金、六个核桃、美团外卖等广告片也基本上符合这 5 大标准。

我们再把这 5 大标准拆解一下，广告片里面要包含 7 大要点。

好的广告片有两个名字，即品牌名和品类名，一句广告语，一个定位信任状，一个超级符号，一个产品使用场景，一个购买指令。比如美团的广告片，美团是品牌名，外卖是品类名，一句广告语"美团外卖，送啥都快"，一个澳洲袋鼠的超级符号，一个使用场景是送外卖。有时，品牌名、品类名、购买指令等经常就蕴藏在广告语里。

定位传播3大原理

定位传播原理的前提是我们必须找准消费者的心智资源和精准定位，精准定位就是核心购买理由，购买理由主要分为广告语和超级符号。通过一个广告语表达定位，再通过一个超级符号把定位牢固，通过我们的眼耳鼻舌身意连接，做到身心合一。

比方说，美团外卖通过研究消费者"点外卖需要速度更快"的痛点来找到一个精准定位和购买理由，然后，它的广告语就是"美团外卖，送啥都快"，超级符号就是"跑得非常快的澳洲袋鼠"。

定位传播如何达到四两拨千斤的效果？好的定位传播花1000万元可达到1亿元的效果，花1亿元达到花10亿元广告费的效果，有些非常优秀的品牌只需通过极其有限的广告费就能获得成功，我们做品牌一定要顺应传播规律，才能简单轻松高效地四两拨千斤，我们总结了定位传播的3大原理。

第一，刺激反射原理。人类的一切行为都是刺激反射的行为。

宇宙有作用力与反作用力原理，广告的刺激性越大则反射力就越大，我们说任何一句话、一个广告语、一个超级符号，都会刺激反射我们的大脑，然后再刺激我们的购买决策。这就要求我们的广告能触动别人的痛点，抓住别人的痒点，激发别人的笑点。

第二，信号原理。刺激信号能量越强，则行动反射越大。

我们说任何一句话其实就是在向宇宙发射一个信号。信号越强，就能更高效地影响人的思维、认知和行动。宇宙万物都是信息和能量的组合，越是高能量的信号它的刺激反射就越强，比如，不管是西方的圣人，还是中国的圣人，这些圣人画像的头部都有一个大大的能量圈，并能够影响世人。所以，任何一个品牌、一句广告语、超级符号都是有高低能量的。

第三，播传原理。传播的本质不是"传播"，而是"播传"。

我们要创作一句话让别人帮我们去传，而不是只靠自己说。比方说，我创作了一句广告语"怕上火，喝王老吉"，如果只有1个人帮您传播，您的广告效率值就是1；如果有10个人帮您传播，那您的广告效率值就是10；如果有100个人帮您传播，那您的广告效率值就是100。所以，最好的传播不是靠广告推动，而最重要是靠别人的传播率，这样才能一传十、十传百、百传千、千传万、万传一个亿、一亿传十个亿。如果仅靠广告去硬推，最终是杀敌一千，自损八百，投1亿元广告费，可能就只赚回5000万元，甚至说投1亿元，赚了1亿元，就不赚不赔，但是真正的超级品牌，您投1亿元的广告费，可以达到10亿元的效果，这就是播传的巨大威力。

影响人们传播行动的法门是什么？任何人要行动有两大动力，第一个叫逃离痛苦，第二个叫追求快乐，我们做任何事情的驱动力都是逃离痛苦和追求快乐，我把它简称叫痛点和乐点。所以，所有人行动就是两个原理："离苦得乐"和"心口相传"。比如，为什么要上美团外卖？因为"送啥都快"，半小时内送达，不让您久等；为什么要喝王老吉？因为我上火了，嘴巴起泡了，我喝了王老吉就能够"下火"。

商业交换的原理就是"逃离痛苦，追求快乐"，我们花钱去医院治病是因为能够恢复健康和快乐；我们去整形医院做整形是因为能够由丑变美。当然，"逃离痛苦"往往比"追求快乐"的威力更大，消费者可能为一个"追求快乐"去心动，但是，他要直接掏钱和行动，更多的是想要"逃离痛苦"，因为痛苦给他的影响力和反射力会更大。所以，能否击中消费者痛点是我们营销胜败的关键。

广告流量转换原理

顺便讲一下广告流量的转换原理，一般广告传播有4个对象：广告受众、购买者、使用者、传播者。比方说，如果我们发射一个广告语和广告片，有 100 个受众，但最终只有 10 个受众成为购买者，购买者里面有一部分是自己买和自己用，有的购买给家人使用，成为最终的使用者，然后有的购买者和使用者会成为传播者，再传播给其他更多的陌生的客户，形成一个良性的循环。最终，一传十、十传百、百传千、千传万、万传一个亿，做到事半功倍、事半 N 倍，起到四两拨千斤的作用。

如果我们不能把这个消费者变成传播者，您的广告效率肯定是打折的，如果光靠广告费用去硬推，最终只能是死路一条。但是，通过研究我们的广告流量转换的原理，您会把所有消费者，全部变成您的推销员，您就能真正地高效打造一个全球性的超级品牌。

如何心智链接来刺激反射

讲到"刺激反射原理"，就要提到苏联心理学家的"巴普洛夫原理"实验，他们每次给狗吃饭之前都会先摇铃，如此慢慢形成了一个条件反射，长此以往习惯之后，就算不用喂食，只要一摇铃，这只狗就会反射"我要吃饭了"，它就会嘴巴流口水，依此原理，我们做广告核心就是让客户在想到某个痛点和消费场景时就想到我。

王老吉"下火"心智刺激。

王老吉是从 2002 年做"怕上火"定位到现在有 20 多年，它通过吃热辣火锅要上火的时候，就想到"怕上火，喝王老吉"心智条件反射，连续 20 年推广吃火锅喝王老吉的消费场景，然后把"怕上火，喝王老吉"变成歌曲不断加深这个心智刺激。

加多宝"下火"心智刺激。

2012 年加多宝失去了王老吉商标，企业处于崩溃边缘，它又如何通过刺激反射原理的心智链接而起死回生？从 0 又做到 200 亿元？加多宝的广告片是这样说的："怕上火，现在喝加多宝；全国销量领先的红罐凉茶改名加多宝，还是原来的配方，还是熟悉的味道，怕上火，喝加多宝。"因为怕上火原来一直喝王老吉，加多宝是做一个心智条件反射的大脑手术切换，其实王老吉并没有改名，这个有点误导消费者，那时候加多宝也是被迫如此，否则这个品牌就死掉了。

"还是原来的配方，还是熟悉的味道"，加多宝就顺利把原来"怕上火，喝王老吉"的心智链接心智刺激嫁接到加多宝。所以，加多宝又从零开始创造一个行业奇迹，这个案例让定位之父特劳特先生都大为惊叹，创造了一个全球品牌定位的神话。当然，王老吉的心智认知还是非常强大的，后来它通过"怕上火，更多人喝加多宝，中国每卖10罐凉茶，7罐是加多宝，配方正宗，当然更多人喝"来继续强化心智的刺激反射。

六个核桃"健脑"心智刺激。

我在10多年前有幸参与服务六个核桃的定位，六个核桃如何做健脑心智刺激？以前我们拍的广告片和广告语永远就是一句话叫"经常用脑，多喝六个核桃"，然后把这句广告语变成各种歌曲，请了鲁豫、王源、郎朗等明星做代言，再通过一个核心消费场景就是"学生用脑需要喝六个核桃"，并锁定和抢占高考生这个战略制高点，因为"高考生都能喝，中考生、小学生、幼儿园肯定都能跟着喝"，而且高考生最具社会关注度和影响力，并诉求"孩子高考，多喝六个核桃"，让学生每次一动脑时就想喝点六个核桃补脑，这就是非常强大的心智条件反射链接，六个核桃就从3亿元做到了150亿元，并成为继王老吉之后的又一个中国的饮料传奇。

厨邦酱油"晒足180天"心智刺激。

我在10多年前也服务过厨邦酱油，广告语是："厨邦酱油天然鲜，晒足180天"。厨邦酱油通过请李立群做广告代言，诉求"老传统都很笨，好酱油就靠太阳晒，酱油要晒足180天"，消费者就记住了"厨邦酱油是晒足180天的天然好酱油"这个定位，通过这样的心智条件反射链接，厨邦酱油就从5亿元做到了50亿元，超越众多竞品成为仅次于海天酱油的行业第二品牌，创造了中国调味品行业的品牌神话。

老板油烟机"大吸力"心智刺激。

方太原来的定位广告片说："中国卖得更好的高端油烟机，不是洋品牌

精准定位

而是方太，因为方太更专业，方太，中国高端厨电专家与领导者"，方太是2009年通过这个定位打败了西门子，也成为中国厨电行业击败洋品牌的非常了不起的成功案例。

螳螂捕蝉，黄雀在后。老板油烟机在2011年开始做定位，诉求"2008年老板推出首台大吸力油烟机，今天中国每卖10台大吸力油烟机，就有6台是老板，老板大吸力油烟机"，通过"老板等于大吸力油烟机"的心智条件反射链接，让老板电器的销售额从15亿元快速增加到100亿元，现在方太和老板成为中国高端厨电的二元竞争领导者，其他的油烟机品牌基本上都快死翘翘了。

绝味鸭脖"鲜香麻辣"心智刺激。

绝味鸭脖现在全国店面超过1.6万家，它之前的定位广告片说："绝味鸭脖鲜香麻辣，越啃越有味，全国门店突破5000家，绝味，鸭脖连锁领导品牌"，通过"越啃越有味，鲜香麻辣"和"鸭脖连锁领导品牌"心智条件反射快速地反超对手周黑鸭，这就是一个非常强大的心智反射信号。

广告片创作经典案例

还有很多广告片的创作经典案例都符合上面的"广告片创作5大标准"。

比如，脑白金"今年过节不收礼，收礼就收脑白金"让两个卡通老人在跳舞，跳一下在春节就卖了10多亿元销售额，赚钱赚得很轻松。

农夫山泉的广告片"农夫山泉有点甜，我们不生产水，我们只是大自然的搬运工"，让农夫山泉成为亚洲首富。

Boss直聘的广告片也是一个神奇案例，"找工作，我要跟老板谈，升职！加薪！"，所以，您找工作想到要跟老板谈就想到Boss直聘了，至于说您到底是否真能跟老板谈就不知道了，但是认知大于事实，Boss直聘慢慢就成为招聘网站的领导者了。

京东最早一直传播"买家电，上京东"这个广告片，让消费者在买3C家电时首先想到京东。

美团通过"美团外卖，送啥都快，30分钟送达"的广告片打败了饿了么，成为外卖领导品牌。

拼多多通过"拼着买，更便宜，3亿多人都在用的购物App"广告歌不断逼近和反超淘宝系。

元气森林通过"元气森林，0糖0脂0卡"的广告片成为销售额100亿元的中国饮料"黑马"。

东鹏特饮是把红牛用了不用的广告语"累了困了，喝东鹏特饮"捡起来用，也取得了空前成功。

九德广告片创作案例

下面讲一下我们九德定位服务客户的广告片，南孚通过"电池要耐用，当然选南孚，南孚底部有聚能环，电力强劲更持久"的广告片打败了金霸王，成为中国家用电池领导品牌；以及南孚第二品牌丰蓝1号通过"燃气灶电池，用丰蓝1号，高温下更耐用"的广告片成为1号电池领导品牌。

金牌厨柜的广告片是"金牌厨柜，更专业的高端厨柜；环保的厨柜，用金牌厨柜"，我们在央视把这个广告语重复了三遍，金牌厨柜的销售额从6亿元做到40亿元。

金彭三轮车的广告片是"金彭，全球电动三轮车领导者；结实耐用，使用寿命是普通三轮车的两倍；宁买金彭贵一千，不买杂牌骑半年"，金彭就打败了宗申。

台铃电动车通过"电动车，跑得远是关键，跑得远，选台铃，一次充电600里；台铃，跑得更远的电动车"广告片快速引爆心智，然后又变成广告歌曲更加高效地传唱和牢固。

我们现在很多客户，一般是前一两年先把定位广告片做精准、做对，后面再争取变成广告神曲，这样，您的传播效果才会更加四两拨千斤，就像"奶酪，就选妙可蓝多"用两只老虎的儿歌传播，还有"你爱我，我爱你，蜜雪冰城甜蜜蜜"的广告歌曲在全球疯狂传唱。

03 如何做宣传片？宣传片10大步骤

这里也同样为大家系统讲一下定位宣传片，我们也精心总结了定位宣传片 10 大步骤系统，供大家参考和使用，具体宣传片视频的参考案例，大家可以在九德公司官网视频上查看我们服务南孚—丰蓝 1 号电池、金牌厨柜、台铃电动车、江南贡泉等宣传片视频。

定位宣传片 10 大步骤

1. 提出定位问题；

2. 解决定位问题；

3. 客户见证（消费者和经销商）；

4. 成功案例；

5. 公司简介和领导讲话；

6. 定位信任状；

7. 定位产品标准；

8. 定位品牌故事；

9. 定位广告语重复；

10. 定位天道拔高。

为什么要做定位宣传片

我们为什么要隆重推荐做定位宣传片？且听我详细系统为您解答！我在自己开创的"特性定位"和"天道战略"核心思想的引领下，除了"战略定位专家"本专业之外，结合自己 15 年前曾写过电视购物广告文案的经历，以及10多年前曾在本土最顶尖营销咨询公司华与华工作过，深谙华与华传播学之道，以及自己近20年的定位咨询和广告传播经验教训，并融合全球最顶尖的"定位理论"和"直复式营销理论"，重新发明和开创了"徐雄俊定位宣传片"。

然后依此类推，抱元守一，用定位来指导并贯穿一切，并由此衍生到定位落地、定位销售、定位招商、定位传播、定位培训，以及《定位广告片》《定位宣传片》《定位产品手册》《定位招商手册》《定位招商会》《定位网站规划》等具体定位落地工具，并已在我们服务的南孚电池、金牌厨柜、金彭三轮车、台铃电动车等众多定位咨询客户和我主讲的3天2夜《定位定天下》定位课程学员上实践落地，并取得良好的销售转化效果，赢得了客户高度好评。

可以说，徐雄俊定位宣传片是致力于打通天道、定位、品牌、营销、销售、招商、传播、培训等战略战术，做到道法术一体。

徐雄俊定位宣传片＝天道战略＋精准定位＋直复式营销＋电视购物片
徐雄俊定位宣传片＝定位广告语＋定位信任状＋定位品牌故事＋定位产品标准＋定位客户见证＋定位成功案例＋支撑定位的一系列事实和论证
定位宣传片是通过较长视频形式最高效、最系统、最完整、最有力、最低成本的传递定位和创造顾客。

目前，企业界和定位界对15秒定位广告片本身就很重视，这个就不多讲，但没有多少人知道和重视"定位宣传片"，所以我们就开创性地提出"定位宣传片"。

定位广告片无疑是我们营销战的大炮，而定位宣传片就是比广告片更低成本的新型大炮！

并不是所有企业都有能力投放15秒的央视定位广告片，但每个企业都可以用5分钟的定位宣传片来同样攻城略地，所向披靡！或者说，上面有定位广告片在高空投放，下面还有定位宣传片在地面配合作战就是如虎添翼和上下呼应！

精准定位

央视15秒广告的媒体投放费用确实太贵，且央视广告、分众传媒等主流媒体的费用年年涨价，媒体传播的成本和门槛越来越高，中小企业望尘莫及，但中小企业可以通过3~6分钟的定位宣传片来做定位销售和招商加盟工作。当然，像我们服务的南孚电池、金牌厨柜、台铃电动车等上市公司和中大型企业也都在用定位宣传片这种武器，且效果非常好。

所以，不管您是大企业还是中小企业，都需要定位宣传片，除非，您愿意拒绝定位宣传片这种低成本又威力无穷的新型大炮。

定位宣传片与普通宣传片的区别

定位宣传片与普通宣传片最大的区别就是：定位宣传片是在普通宣传片的前提下加了一个"精准定位"的前提和灵魂，是以精准定位灵魂做全程领导和贯穿的视频宣传片。

定位宣传片可分为定位销售片和定位招商片，归根结底，定位销售片和定位招商片都是为了最高效传递定位和创造顾客，都是为了最高效拉动销售、拉动员工、拉动股东、拉动经销商、拉动合作伙伴，拉动所有力量快速向定位销售凝心聚力，并统一思想、统一销售话术、统一销售行动，最终高效转化成销售业绩和利润，转化成物质生产力。从而快速达到孙子兵法反复强调的"上下同欲者胜"和"军民团结如一人，试看天下谁能敌？"的最高境界和巨大能量。

只是定位销售片侧重终端销售购买，定位招商片侧重招商加盟，定位销售宣传片主要用于针对消费者做终端销售，定位招商片主要用于对经销商做招商加盟，也可二者兼得，既做终端销售，又可用作招商加盟。其中定位招商片比定位销售片更需要侧重讲经销商更感兴趣的"行业优势""加盟优势"和"经销商客户见证"等核心问题。

同样，圣人抱一而守天下事，"定位销售片"的思维逻辑对应"定位销售产品手册"；"定位招商片"的思维逻辑对应"定位招商手册"，只是"定位销售产品手册"和"定位招商手册"是通过视觉形式更加详细具体展开而已，万变不离其宗。

总而言之，做完定位，就需要做好定位落地、定位传播、定位招商、定位销售、定位培训等定位系统工作，并用文字、声音、图片、视频等"眼耳鼻舌声意"六根来单一、精准、一致地传递定位和创造销售，做到万箭齐发、铺天盖地、直至核心、穿透人心，做到海、陆、空三军和飞机、大炮、手榴弹等所有武器装备一起配合和协同作战发力，如此才能无往而无不胜！

04 如何做定位传播

定位广告传播应用原则

再补充下如何做广告传播，因为广告语、广告片做好后最重要的就是传播，传播是一门科学，又是一门艺术。

广告内容有一个基本受众原则，广告受众针对一般顾客，只有5秒钟的时间，就是"定位广告语+定位信任状"，甚至只有一句广告语；针对专业顾客，比方说2B行业，或者是别人很感兴趣的重点顾客，我们就需要用30秒到1分钟，通过"定位广告语+定位信任状+定位品牌故事"来诉求传播；针对行业专家，我们甚至要通过产品手册、招商手册、官网官微和电商详情页等常见品牌展示平台，通过"广告语+信任状+品牌故事+支撑定位的一系列的论证和事实"来系统沟通，这样有理、有据、有节去说服消费者相信和购买。

同时我们要遵循广告传播基本应用原则。

第一，主广告语。主要运用在5秒的广告片、户外大牌、店面门头、网络广告条、官网广告条、电商广告条，还有业务员的核心口头销售语。

第二，主广告语+定位信任状。主要运用在15秒广告片、主KV海报、平面广告、终端广告、宣传彩页的首页。

第三，主广告语+信任状+品牌故事。主要运用在30秒的广告片、产品包装、终端店面、宣传彩页、电商详情页。

第四，主广告语+信任状+品牌故事+支撑定位的一系列论证。主要运用在产品手册、招商手册、宣传片等。

定位传播6大步骤

简单补充一下定位传播的6大步骤：第一，找准差异化定位；第二，将定位清晰表达；第三，找准一个时间窗口去传播；第四，饱和攻击传播；第五，引爆原点人群；第六，打造第一品牌。

首先，您要找准一个差异化定位，然后，将定位清晰化表达，找准合适的时间节点做饱和式攻击，因为打造品牌有时间窗口和时机，道法自然，所谓"春生夏长，秋收冬藏"，我们的种子一定是要春天播种，如果您过了春天，秋天再种，就错过了这个时间窗口。并通过原点人群去引爆传播，最后再扩大到更多的消费人群，最终打造行业第一品牌。

找准定位之后最大的关键就是将定位清晰地表达出来，就像王老吉找准定位是预防上火饮料，"怕上火，喝王老吉"这就是一个很好的定位表达，汉庭酒店找准的一个定位表达就是"爱干净，住汉庭"，"美团外卖，送啥都快"也是一个定位清晰表达。

饱和攻击传播5大原理

有很多客户都会问："做定位传播为什么要饱和攻击传播？"做完一个精准定位后为什么要投相对足够广告传播费用来引爆？我们这里也精心总结了饱和传播5大原理，供大家参考。

第一，100度沸腾原理。

水必须烧到100℃才能够沸腾，水烧到99℃都不是开水，它不能变成蒸汽，不能进行升华和变质，所以，品牌引爆初期广告投放量要足够沸腾升华。

第二，火箭发射原理。

马斯克发射火箭非常昂贵，在火箭点燃那一刻必须要用足够的燃料来全力以赴把它送到太空，进入预定轨道后火箭才可以自己航行。所以，您的品牌在启动的时候一定要像点燃火箭一样，广告费用一定要全力以赴，否则火箭就容易发射失败。

第三，车票里程原理。

半程火车票到不了终点，比方说，我们要从上海到北京，您的高铁票只买到从上海到南京，您怎么能到北京呢？所以，有时最贵的就是最便宜的，最便宜的就是最贵的，因为便宜没好货，如果我投了1亿元能帮我多赚了2亿元，但是我投了1千万元却最终亏损了2000万元，谁更贵？

第五，精卵结合原理。

精子和卵子一旦结合，其他所有的精子都会死掉。所以，您一定要第一个去抢占消费者心智，其他的竞争对手有可能都是您的"炮灰"，最终其他竞品可能都是"陪太子读书"。

第六，第一高峰原理。

人们只记得世界第一高峰，很少人能记住第二高峰。您只有在一个特定阶段的时间窗口，第一个针对特定的原点人群去疯狂引爆，才能让别人记住您。老天只有在狂风暴雨的时候，您才能够感受到它雷霆万钧的疯狂力量。

如果您总共只有1亿元的广告费预算，如果通过一年365天的平均用力每天去传播，最终这样的传播效果可能是很无力的，如果您集中在某一个季度去传播引爆，或者在618、双11、春节等某几个特殊节点去分配传播，在一个特定的节点去引爆可能更能让消费者记得住。

广告传播有两大原则，第一个原则是"先入为主，后入无门"，率先传播的可能让消费者先记住，后面再传播的消费者就容易把它过滤，就像我们可能永远会记得住自己的初恋情人；第二个原理是"简单重复，直到你吐"，只有重复才能记忆，全世界的心理学家都研究认为"对抗遗忘的唯一的绝招就是要重复"。

所以，您在特定的时间节点暴风骤雨地去重复传播，可能表面上看起来是很浪费钱，但实际上它可能是最省钱的，史玉柱把这种广告投放方式叫作"脉冲原理"，就像闪电战的绝招就是集中在某个时间节点集中所有大炮对敌人狂轰滥炸，并把对手重要的通信设备和基础设施全部摧毁，一下让对手惊慌失措。

我们看到脑白金、王老吉、六个核桃、公牛插座、南孚电池、BOOS直聘、飞鹤奶粉等大部分成功品牌基本都是在某一个时间窗口通过饱和攻击来率先抢占消费者心智，并快速地获得消费者的选择，让别人记住它，喜欢它，购买它，最终达到认知、认同、认购，然后传播它。所以，我们建议最好是做饱和攻击传播，不管是央视、分众电梯，还是在互联网上，都要抓住饱和时间窗口去引爆。当然，广告传播是大事，每个品牌的广告传播策略都不能一概而论，都是要根据"精准定位4角分析"来做具体问题具体分析。

第五章 如何做超级符号

01 如何做视觉设计

视觉设计主要有包装设计、门店设计、海报设计，大家今天也可以看到很多全球 500 强、中国 500 强，还有很多当下成功品牌的视觉和超级符号战略，那我们通过研究学习这些超级符号，就可为我所用，把它转换成我们自己的品牌能量和智慧。为此，我们精心总结了视觉设计的核心口诀。

九德视觉设计口诀

视觉设计是战略，包装本质是媒体。
用色如兵占颜色，卖货优先再求美。
品牌名称尽量大，品类名称搭配好。
定位口号要输出，公信元素促购买。
心智母体找符号，超级符号打品牌。
君臣佐使有层次，设计做好自己卖。

"视觉设计是战略"：视觉设计就是品牌最核心的战略，一个好的包装设计价值 1 亿元，我们看王老吉、元气森林、蓝月亮、厨邦酱油、洽洽每日坚果的包装，包括奔驰、麦当劳、肯德基和"被咬了一口的苹果"等超级符号都具有重大战略价值，视觉设计做好就相当于 1 亿元甚至 10 亿元的广告费，甚至一辈子受用无穷，说白一点，您把视觉设计做好，它就是一本万利，永赚不赔的生意。

"包装本质是媒体"：您可以把包装做成媒体展示平台，这个包装就是您的央视和分众电梯等媒体，不管您有没有钱，不管您是不是大品牌，都应该如此。

"用色如兵占颜色，卖货优先再求美"：我们孙子兵法叫撒豆成兵，我们占领颜色就是"用色如用兵"；我们所有的设计都是先求卖货再求美观，卖货第一，美观第二。

"品牌名称尽量大，品类名称搭配好"：包装设计上的品牌名称要尽量加粗放大，然后品牌名称要把品类名称搭配好输出。

"定位口号要输出"：我们的包装设计上定位广告语一定要输出，我服务的包装设计都是铁定坚持把定位口号广告语写在上面。

"公信元素促购买"：定位信任状和公信力元素要输出来促成购买，比如"中国驰名商标""人民大会堂宴会宴用凉茶""中国跳水队专用洗衣液"等公信力元素都可以写到包装反面。

"心智母体找符号，超级符号打品牌"：在我们的心智资源和文化母体里面找到创作超级符号的原型，并通过超级符号来牢固和打造超级品牌。

"君臣佐使有层次"：我们做包装设计同样要讲究"君臣佐使"的逻辑，开中药药方最基本的原则就是"君臣佐使"，"君臣佐使"是万事万物构成的宇宙原理。比方说，太阳系的君就是太阳；任何组织都有一个君，以刘备集团为例，刘备是君，诸葛亮是臣，关张赵马黄五虎上将是佐，太监随从就是使；包装设计的"臣佐使"都是为了围绕"君"服务的。

"设计做好自己卖"：好的包装设计在陈列架上自带流量，不用推销，自己能把自己卖出去。

包装设计2大原则

那具体如何做好包装设计才能够疯狂地卖货呢？

第一，包装的正面要有品牌名、品类名、广告语、超级符号。

特别是广告语，很多品牌都没有意识要把它的广告语写上去，或者是不愿意写，甚至觉得很Low，觉得掉面子，其实卖货才是硬道理。

第二，包装反面要有定位信任状、品牌故事、广告细则、产品细则。

例如，很多人都在攻击椰树的包装，不管是业内还是企业界都说椰树的包装设计做得很 Low，但是椰树这个包装很卖货，椰树一年销售额 50 亿，它这个包装设计相当于每年 2 亿元的广告费。椰树包装把大胸美女徐冬冬印上去，并写上"我从小喝到大"，它的设计美学虽然差一点，但是它确实非常能卖货，确实能达到媒体广告传播的宣传效果。

东鹏特饮把广告语"困了累了，喝东鹏特饮"写到包装正面；洽洽小黄袋把广告语"掌握关键保鲜技术"写到包装正面；元气森林把广告语"0 糖 0 脂 0 卡"写到包装正面。包括我们服务过的六个核桃、厨邦、蓝月亮都是如此，六个核桃把广告语"经常用脑，多喝六个核桃"连续 10 多年写到包装正面，厨邦酱油把广告语"晒足 180 天"连续 10 多年写到包装正面，蓝月亮把广告语"洁净更保护"连续 10 多年写到包装正面。所以，做得好的包装设计每年都能帮他卖货赚钱，绝对是一本万利。

我们九德定位服务的客户都是铁定坚持把广告语写在正面，我们绝对践行这个包装设计原则，我们服务丰蓝 1 号，就把广告语"燃气灶电池，用丰蓝 1 号，高温下更耐用"写到包装正面；我们服务台铃电动车，就把广告语"台铃，跑得更远的电动车"写到车前面和尾部；以及我们服务远洋塑胶跑道、充管家充电器、鸡大哥原汤鸡粉、稻花 1 号五常大米、李家芝麻官芝麻酱、江南贡泉和洞庭山山泉等所有品牌，我们都是铁定把广告语和超级符号直接写到包装上。

门店设计 3 大原则

如何做门店设计？如何做门店设计才能够更好地吸引客户进来？

第一，门头上要放品牌名、品类名、广告语、超级符号，其中品牌名要醒目。

第二，门店橱窗里面最好把广告语、核心爆品、核心爆品销售话术也写上去。

第三，门店里面最好还要有定位的信任状、定位品牌故事、定位标准等。

例如，海底捞都已经这么成功了，地球人都知道它等于火锅，但是它还是把火锅这个品类名称写到门店上，然后它把带有辣椒的"Hi"超级符号写上去了；老乡鸡快餐的门头会把"全国1000多家快餐店"的广告语写上去来加持销售。

绝味鸭脖在全国有1.6万家店面，原来鸭脖的第一品牌是周黑鸭，绝味处于弱势，绝味原来的门头只能看到"绝味"这两个字，它把品类名"鸭脖"两个字写得很小，但是绝味这个名字比周黑鸭要差一点，周黑鸭一看就是做鸭脖的，但很多人都不知道绝味是做什么的。所以，绝味一定要把鸭脖连在一起，才能弥补这个短板，后来它把这个绝味鸭脖品牌名和品类名都放得一样大后，绝味的生意就快速增长了。然后，绝味鸭脖把超级符号"绝"字和小黄鸭放到门头，并把核心招牌菜放到橱窗，门店里面还有标注"鲜香麻辣，鸭脖连锁领导品牌"等广告语和定位标准。

汉庭酒店把广告语"爱干净，住汉庭"标注到酒店楼顶，现在全国3000多家连锁店面的楼体都把"爱干净，住汉庭"这个广告语写上去了。所以，它成为中国的商务连锁酒店第一品牌。

足力健老人鞋、华莱士全鸡汉堡的门店设计都是非常清楚地把"品牌名称、品类名、广告语、超级符号、核心爆品、核心销售话术"等重要定位销售信息写上去了，而且效果都非常好，这就是门店设计成功之道。

有人可能会说："只要把上面这个门店广告做好，就能够马上增加门店的业绩吗？"我的回答是：您把品牌名"绝味"放大，可能就增长了3%的业绩；把品类名"鸭脖"写上去可能又增长了3%的业绩；再把广告语"鲜香麻辣，鸭脖连锁领导品牌"写上去可能又增了3%的业绩；把超级符号"绝"字和"小黄鸭"放上去又增了3%的业绩；最后，把核心爆品9.9元放到橱窗又增了3%的业绩，如此等等。所以，"3%+3%+3%+3%+3%=15%"加在一起，您最终业绩可能就至少增长了10%以上，就永远会比自己原来的业绩多增长一点，同时可能就超越了隔壁左右的所有对手；然后，您隔壁对手可能就因为坚持不下去而亏损倒闭了，最后，您就可能是赢家通吃，把所有对手的流量和生意就吸引和抓到自己手中了，您就成为那条街的第一名了，是不是这个道理？所以，您千万不要小看这一点点的改进，所有小改进加在一起就是一个量变到质变的飞跃和领先。

我们九德客户的门店设计都是严格要求按照上面的原则来做，我们要求台铃把广告语"台铃，跑得更远的电动车"、超级符号"T"、核心爆品等都写到门头上；然后，金彭三轮车、金牌厨柜等都是如此，慢慢就形成良性循环，台铃电动车现在全国有3万多家门店，金彭三轮车有2万多家门店，金牌厨柜在全球有3000多家门店。所以，我们把门店广告做好之后，这个门店广告就是我们自己的中央电视台、分众电梯等广告媒体。因为，这些店面门头在大街上，曝光度高，数量又越来越多，这些门店广告系统标准化做好之后，它就是一个个非常强大的户外广告牌。

定位海报5大标准

如何做出更有销售力的定位海报？我们总结定位海报5大标准供大家参考和使用。

第一，定位海报核心是广告语；

第二，最好要提供定位信任状；

第三，品牌名和品类名要清晰；

第四，要展示核心爆品形象；

第五，用超级符号加深品牌印象。

比方说，王老吉的海报最显眼就是核心广告语"怕上火，喝王老吉"，核心爆品是王老吉的红罐，超级符号也是它的王老吉红罐，它的信任状是人民大会堂宴会凉茶，品牌名王老吉和品类名凉茶非常清晰。

六个核桃的海报最核心的就是广告语"经常用脑，多喝六个核桃"，然后核心爆品形象就是六个核桃这个蓝白罐，同时这也是它的超级符号。

东鹏特饮的海报最核心的就是广告语"累了困了，喝东鹏特饮"，然后核心爆品产品形象就是这个金黄色的大鹏塑料瓶装。

美团外卖的海报最核心的就是广告语"美团外卖，送啥都快"，超级符号就是"跑得快的袋鼠"。

我们九德服务客户的定位海报也是如此，南孚电池定位海报的核心广告语是"电池要耐用，当然选南孚"，核心爆品形象是这个 5 号电池，超级符号和定位信任状都是红色的聚能环；金牌厨柜定位海报核心广告语是"金牌厨柜，更专业的高端厨柜"，超级符号就是"金牌 G"；台铃电动车定位海报核心广告语是"台铃，跑得更远的电动车"，核心爆品形象是这个台铃爆款电动车，超级符号是"台铃 T"。这就是最简单的能卖货的定位海报。所以，不管是做包装设计、门店设计，还是定位海报，您所有的消费者链接点都必须以卖货为核心，不卖货的设计就是"耍流氓"。

02 什么是超级符号

超级符号是人人都看懂的符号，是人类历史和心智常识约定俗成的符号，是人们按照它的指令而行动的符号。

比方说，红绿灯"红灯停，绿灯行"符号；全球厕所里一般烟斗就是指男厕所，高跟鞋是女厕所，我们不一定懂英文，但基本都能认识这个符号。所以，好的超级符号都是跨越国界的，符号比文字更加通俗易懂，从而形成一定的行动指引，能更加高效快速地将品牌和定位打入心智并创造顾客的疯狂购买，爆发出神奇的力量；好的超级符号可以快速地让品牌成为消费者的某种偏好，一下子让您记住它。

超级符号 4 大作用

第一，打入定位建立品牌；

第二，快速撬动心智资源；

第三，降低品牌传播成本；

第四，重复累积品牌资产。

好的超级符号能够把定位快速打入心智，好的视觉锤能把定位语言钉快速植入到消费者大脑。

只要人类还有眼睛、耳朵和语言，超级符号就能影响人的购买行为，快速改变消费者的偏好，并创造疯狂的购买行动，让一个新品牌在一夜之间成为消费者熟悉的"老朋友"。

比如，奔驰的超级符号"方向盘"一下子就能让人记住；苹果手机的超级符号"被咬了一口的苹果"全世界的人都知道；蜜雪冰城的超级符号"小雪人"在全球各地跳舞。还有，麦当劳叔叔、肯德基爷爷、米其林轮胎超人、天猫的猫、京东的狗、美团外卖的袋鼠等，它们形成了一个一本万利的"行走印钞机"。

3岁小孩子和80岁老太太基本都认识奔驰的超级符号"方向盘"；耐克的超级符号是"对钩"；全球首富马斯克用"T"作为特斯拉的超级符号。三只松鼠的老总章燎原说："三只松鼠能够成功，一半要归功于三只松鼠这个品牌名字，以及'三只松鼠萌翻天'这个视觉符号"。

全球互联网行业都非常擅长用超级符号来打造品牌，中国活下来的互联网品牌基本都有自己的卡通符号，腾讯用QQ企鹅，天猫用猫，京东用狗。比如经典的"猫、狗、狮子、老虎大战"，京东用狗去咬猫，苏宁易购就不服了，苏宁用狮子去咬狗和猫，隔壁的国美电器更不服就做了个老虎形象。但是，因为天猫和京东狗都长大了，苏宁的狮子和国美的老虎都咬不动了，现在国美电器和苏宁易购都比较弱势了。另外，美团外卖的袋鼠跑得非常快，马云的盒马鲜生用河马作为超级符号，并都在互联网上形成一个超级的免费传播。

超级符号的2大原理

第一，超级符号是对媒体和传播深刻洞察的符号学。

商品即信息，包装即媒体，设计、包装、陈列、店面等的设计本质都是媒体，好的设计胜过1亿广告费，它是一本万利，它就是一个"印钞机"。传播是基于信号的强弱来刺激反应，传播的本质不在于播而在于传，传播的核心是传达率，我们要创造一句话和超级符号是让别人帮您传，而不只是靠自己播出去。

第二，超级符号是最高效的心智和销售流量转化。

品牌就是一个符号系统，超级符号是品牌传播的核动力，符号的意义在于降低品牌的传播的成本，降低品牌被发现和记住的成本。超级符号可以更高效、更快速地传播和累积品牌资产。超级符号可以将品牌和定位特性词快速地植入心智，一个好的品牌名和超级符号能让更多人一下子记住您和传播您，您就节省了1亿甚至10亿的广告费。

符号本身具有强大的号召力，影响人的看法，指挥人的行为。比方说，中国古代打仗用"鸣金收兵、击鼓前进、旗帜引领"就是超级符号的运用，军队打仗用旗帜来指引，用吹号角来进攻。超级符号本质是刺激消费者的潜意识最高效的反射方法，所有的传播都是符号的编码和解码，影响传播效率的关键是解码过程的损耗率，超级符号就是解决传播的损耗问题，就是要找到编码和解码效率最高的符号。

比如，我们说一句广告语，从老板这里说出去，到员工，再到终端消费者，它一定会变形，如果通过一个非常固定的广告语和超级符号，它能够减少这个传播过程的损耗率，才能真正高效地传达到消费者，然后让消费者记住它、喜欢它、购买它。同时超级符号相对文字而言，是没有国界的，它不需要翻译，就可以跨越国界，就像苹果、奔驰、麦当劳等超级符号全球人都知道，我们看到很多下水道的地漏、很多赠品的形状都是用苹果、奔驰的符号做的。

超级符号与视觉锤的区别

很多人会问："超级符号与视觉锤有什么区别？"在这里我系统讲一下

超级符号与视觉锤的5点比较分析,供大家参考学习。

第一,超级符号与视觉锤二者本质上是相通的,但各有优劣和侧重点。

二者的本质原理都是为了高效打入心智和打造品牌,降低品牌传播的成本。

第二,视觉锤相对更偏向视觉符号,但是超级符号更加全面立体。

视觉锤主要侧重于视觉,超级符号包含视觉、语言、文化等丰富内涵,涵盖了"眼耳鼻舌身意"六觉,就是听觉、视觉、味觉、嗅觉、感觉等,超级符号除了用于包装设计外,还有门店、终端、广告与广告片等品牌系统传播,所以,超级符号应用的原理相对更加全面和立体。

第三,视觉锤更强调从心智出发和竞争导向,超级符号则侧重于从创意和产品USP出发。

这也是超级符号的不足之处,超级符号有时候只是一个战术层面的简单创意而已,它成功的概率就不是很高,并不是所有的超级符号都能够马上抢占心智,关键是您的超级符号是否符合品牌精准定位。

第四,视觉锤更偏理论而少操作,但超级符号既有原理,更有操作,成功的案例相对更多。

第五,超级符号需要向视觉锤学习用定位来指导,视觉锤需要向超级符号学习全面立体的具体操作。

我们九德定位这么多年来,也在努力致力于把超级符号和视觉锤的精髓融在一起,加上我们自己研发总结,变成更有杀伤力的超级符号定位落地方法,我们力求让超级符号从战术上升到战略,并更符合品牌精准定位,更有理论性和操作性,我们精心总结了超级符号的6大标准、3大路径和8大方法,供大家精准系统学习和参考。

超级符号6大标准

如何检验超级符号是否精准有效?我们精心总结了优秀超级符号6大标准,供大家对照参考。

第一，能打入定位。

超级符号能够反映定位和打入定位。比如，奔驰的"方向盘"一看就是汽车方向盘；蜜雪冰城的"小雪人"反映它是做冰激凌的。

第二，有广谱认知。

超级符号形象要简单易识别，符合大众认知。比如，天猫的猫、京东的狗、被咬的苹果、肯德基爷爷等都是有广谱认知。

第三，有心智原型。

超级符号要有80%的心智资源和认知原型，而非凭空创造和杜撰。比如，松鼠最喜欢吃坚果，所以"三只松鼠萌翻天"完全符合心智原型。

第四，有独特创新。

超级符号还需要在80%的心智资源和认知原型上做出20%的创新，就是在传统熟悉的形象符号的基础上还有创新点。比如，最原始的苹果完全没有创新，但是苹果手机"被咬一口的苹果"就有独特创新点了。

第五，简单可描述。

这个超级符号要简单可描述，切忌复杂，3岁小朋友和80岁老太太都能够记得住，可转述和传播。比如，特斯拉的"T"、耐克的"对钩"我们都能清晰地画下来。

第六，可超越时空。

超级符号最好能够管用100年和全球通用，那如何检验这个超级符号能不能管用100年？就看100年前它是否管用。比如，麦当劳叔叔、肯德基爷爷、星巴克美人鱼都能管用100年和跨越国界。

精准定位

03 如何做超级符号？超级符号3大路径8大方法

超级符号创作3大路径

如何做超级符号？我们精心总结了超级符号创作的3大核心路径，做成可执行、可标准、可落实的标准和步骤，而不是像有些专家说的那样神乎其神，无法掌握学会。

第一，反映品类属性。

超级符号反映所属品类，比如，米其林的轮胎超人、鲁花花生油的花生、西贝的田园格子布、厨邦酱油的绿色格子布、海底捞的辣椒火锅符号、汉庭酒店的驿马符号、蜜雪冰城的雪王等都是反映品类属性。

第二，反映品牌名称。

超级符号反映其品牌名，比如，麦当劳的M、真功夫的李小龙、华莱士的W鸡、苹果手机被咬的苹果、特斯拉的T、天猫的猫、黄金酒的黄金、小葵花的葵花、周黑鸭的小鸭子、三只松鼠的松鼠、7天酒店的7、七猫小说的7、东鹏特饮的鹏鸟等都是反映品牌名称。

第三，反映品牌定位。

超级符号反映出核心定位和买点，比如，美团外卖的袋鼠就反映它的定位特性是快，老板大吸力的蓝鲸，360的安全十字架，沃尔沃的安全带，汉堡王的火烤等都是反应品牌定位。

同时我总结超级符号有两大基本方法：

第一，直接截取心智中熟悉感知的意义符号。

比方说，奔驰汽车的方向盘和苹果手机的苹果就本身是我们熟悉的符号，用"拿来主义"直接拿来用就行。

第二，创造和积累本身没有认知意义的符号。

比方说，麦当劳的 M、LV 符号、耐克的"对钩"、南孚的红色聚能环等，它本身没有意义，但是把它累积成一个品牌的符号也是可以的。

最终超级符号不管是反映品类，品牌名，还是定位，都是让品牌与品类画等号，让您的品牌成为某个品类的首选。

如果一个品牌的品类、品牌名、特性、广告语、超级符号能够五位一体，或者至少是三位一体，那就是最理想、最强大的品牌结构。比方说，农夫山泉是品类、品牌名、广告语三位一体，品牌名里包含品类，品牌名本身就包含广告语，暗喻我是山泉水；三只松鼠、蜜雪冰城、周黑鸭都是品类、品牌名、超级符号三位一体。

超级符号创作 8 大方法

那到底具体如何创作超级符号呢？我们也精心总结了超级符号创作的 8 大方法，您学会了这 8 大方法，就能从根本上掌握创作超级符号的理论原理和操作步骤，否则只会飘在空中，不能落地。

里斯打造视觉锤 10 种方法

里斯《视觉锤》讲到了打造视觉锤的 10 大方法：形状、颜色、产品、包装、动态、创始人、符号、明星、动物、传承，但我们发现其中有 3 个是明显有问题的。

第一，"形状"这个视觉锤方法是不精准的。因为，任何符号、形象、视觉都是有形状的，这样说了等于没说。

第二，"明星"这个视觉锤方法是不精准的。因为，靠用明星打造超级符号的风险非常大，明星有时就是一颗定时炸弹，您一不小心请来一个道德败坏的明星，那对您的品牌伤害非常大，而且明星的代言费用每年都要给钱，您不付钱他就不跟您玩了，怎么可能用明星打造您品牌的专属符

精准定位

号呢？

第三，"传承"这个视觉锤方法也是不精准的。什么叫传承？根本听不懂，所有不能够具象的东西都是没用的，超级符号一定要具体、明确、可衡量。

所以，我们结合里斯视觉锤的10种方法和华与华方法等多家精髓，重新梳理总结成打造超级符号的8大方法。第一，颜色；第二，产品；第三，包装；第四，创始人；第五，视觉符号；第六，动物卡通；第七，动作；第八，声音。

方法1：颜色

打造超级符号第一个方法：颜色。相对文字和图形，颜色可以抢先进入眼帘，选对颜色就能对品牌视觉带来巨大的冲击感，品牌可以通过占据某个特定的颜色来建立品牌。

比方说，麦当劳的黄色、柯达的黄色、星巴克的绿色、苹果的白色、王老吉和加多宝的红色、洽洽小黄袋的黄色、洋河蓝色经典的蓝色等。

在这里我讲一下颜色的原理，太阳七色有红橙黄绿蓝靛紫，中国的五行是金木水火土，五色是黑白红黄绿，五色与五行刚好一一对应。比方说，黑色代表水，红色代表火，黄色代表土，绿色代表木，白色代表金，金木水火土也代表五种能量，从能量学和心理学角度分析，五色每种颜色都能带来不同的风格和能量。当然，这五种颜色本身没有优劣之分，都是平等的，有的知名营销专家说，用红色、绿色、黄色打造品牌标准色会更优质、更高级，其实不一定，您看奔驰用黑色不是也挺好的吗？还有苹果手机用白色不是也挺好的吗？关键是这五种颜色所代表的五种能量要与您的品牌定位和风格相契合。

中国和美国的超级符号。

首先看中国和美国如何用颜色打造超级符号，中国五星红旗的标准色是红色、黄色，美国国旗的标准色是红色、白色和蓝色。

美国的英雄蜘蛛侠和钢铁侠，就跟它的国旗颜色红色、蓝色完全相符和息息相关，然后，美国的饮料代表品牌可口可乐、百事可乐的标准色也是红色、蓝色和白色，美国篮协 NBA 就是红色、白色和蓝色，跟它的国旗色调也是完全一致的。

中国的代表饮料王老吉、加多宝就是红黄色，中国篮协也是红黄色，那中国的英雄孙悟空、哪吒、真功夫李小龙也是红黄色，我们中国领导人每次在国外演讲和元旦献词，大多戴的是中国红的红领带，那美国总统大多戴的是蓝色领带，这就是做品牌的超级符号打法。全球 200 多个国家都有代表超级符号的国旗，并且每个国旗都有标准色，您能记得哪些国家的国旗呢？这就是打造品牌的奥秘，用色如用兵，颜色用好它就能够排兵布阵，撒豆成兵，有时一支笔杆子能顶雄兵百万，您的颜色用好就能够顶上百万雄兵。

品牌首要占领主色。

做品牌首要就是要占据主色调，通过占据不同的颜色打造超级符号和品牌。

比如，王老吉用红色标准色打造超级符号，红色代表下火和吉祥；可口可乐用红色，百事可乐用蓝色，麦当劳用黄色，星巴克用绿色，椰树用黑色，现在最火的元气森林是用白色的，我服务过的蓝月亮用蓝色；柯达用黄色，虽然柯达这个品牌不断消亡，但是它的柯达黄色店面形象还是非常深入人心，现在大街上还有很多的柯达黄色店面；苹果用白色，苹果的店面在很远地方都能看到这个白色；还有洋河蓝色经典，通过这个蓝色跻身于中国白酒的领先品牌，洋河蓝色非常深入人心，帮它打造品牌是十足的加分。

我去到鲁花公司，发现鲁花的所有办公大楼和工厂都被刷成它的标准色——金黄色，鲁花的超级符号就是"正在滴油的花生"。所以鲁花公司经常接到这样的电话，一个农民兄弟打电话过来说："请问你们鲁花有没有把花生一掰开就能直接滴花生油的花生品种"，所以它的广告语"滴滴鲁花，

精准定位

"香飘万家"非常深入人心。然后，鲁花的包装、货架和所有广宣物料都是做成这种金黄色的，很有杀伤力，鲁花的心智能量非常强大。

同样原理，我们也帮助很多客户把公司大楼都刷成它的标准色。比如，唯品会的标准色是粉红色，我们就建议唯品会把快递盒包装、物流车、店面、工厂等都刷成粉红色，因为它的客群主要是少妇少女，女性都喜欢粉红色，当然我自己也喜欢粉红色。所以，我们也会向唯品会的高管建议一定要坚持这个粉红色，千万不要学别人把这个颜色换来换去而劳民伤财。

方法2：产品

产品可以上升到超级符号高度，很多有形产品都可以利用产品来打造超级符号。

比方说，劳力士的手表、宝马的车头设计等都是把产品上升到一个战略高度来打造一个标志性超级符号。劳力士一直都是用这个招牌手表并配上性感美女来做广告推广；宝马的超级符号"BMW"标志比奔驰的方向盘要弱一点，但是它用其独特的"两只大眼睛的宝马车头设计"来弥补了，我们一看到这个车头就知道是宝马；奥利奥用"扭一扭、舔一舔、泡一泡"的夹心饼干这个招牌产品作为超级符号来打造品牌；人本帆布鞋用红色的人字头设计的产品来打造超级符号；太二酸菜鱼用酸菜鱼这个产品做它的超级符号。

餐饮行业有很多品牌都是用产品来打造超级符号，比方说，麦当劳用它的汉堡产品打造成超级符号，当然，麦当劳的超级符号还有麦当劳叔叔、M形状，它的超级符号是综合立体的；然后，肯德基用这个炸鸡鸡腿，真功夫用香汁排骨饭打造成它的超级符号；我们服务的老乡鸡就把肥西老母鸡汤这个产品打造成超级符号。

方法3：包装

我们可以通过包装打造超级符号。如果我们的产品不能差异化，那么包装可以不一样，包装有可能就是辨别产品最直接的方法，包装的形态和设计就可以成为重要的超级符号。

比方说，可口可乐的玻璃弧形瓶、红牛245ml金罐、王老吉310ml红罐、椰树245ml黑罐、蓝月亮的月亮形包装、茅台白瓷瓶、歪嘴小郎酒、洽洽小黄袋、农夫山泉、小罐茶、南孚电池、元气森林等很多快消品品牌都是通过包装打造超级符号，并把它上升到战略高度。

可口可乐在诞生的100多年间，不断把这个玻璃瓶聚焦和打造成超级符号，最后，可口可乐甚至把玻璃弧形瓶超级符号印刻到它的易拉罐等所有的产品上，包括它的外包装、礼品盒、冰箱、广告形象等所有对外宣传都在突出它的玻璃瓶弧形瓶。如此，玻璃瓶就成为可口可乐独有的超级符号，并成为可口可乐的"超级印钞机"。

王老吉也完全借鉴了这个可口可乐的品牌打造历程，它就把这个红罐印到它所有的包装上，包括它的外包装、礼品盒、广告画面等所有对外宣传点，同样把这个310ml的红罐打造成它的超级符号，同样也变成它的"超级印钞机"。

元气森林通过这个日方风格的白色包装瓶子，一下子就跟其他的品牌对手进行有效差异和区隔；我们建议蓝月亮把这个包装做成月亮形状，并把颜色做成蓝色，然后建议它要努力和月亮相挂钩，比如，赞助每年的中秋晚会，把它的包装设计和超市堆头都做成月亮形状来推广，其实，蓝月亮也做了很多其他的颜色和形状的包装，像蓝月亮七色至尊还做了金色、紫色、黄色、红色、白色等非蓝色的至尊瓶，但基本上都失败了，它最终只有这个蓝色月亮形包装才真正持续获得消费者的认同选择。

方法4：创始人

我们可以通过创始人打造超级符号。创始人更有资格成为公司品牌的形象代言人，在互联网时代创始人天生就是一个非常强大的IP。

肯德基的创始人桑德斯上校是一个退伍军人，他65岁发明了炸鸡，肯德基就把创始人肯德基爷爷打造成品牌的超级符号。

李先生餐厅创始人是美籍华人李北祺，他模仿肯德基头像做加州牛肉面大王，李先生就是其超级符号。

老干妈把创始人陶华碧这个头像打造成超级符号，老干妈成功了，老干爹、老干妈的妈、老干妈的爹等都失败了，因为老干妈的品牌形象早已先入为主，这叫"先入为主，后入无门"。

湘菜新锐品牌费大厨用创始人费良慧的头像打造超级符号；褚橙因为褚时健70多岁创业，就把褚老打造成它的超级符号IP，所以褚橙也叫"励志橙"，当然，如果这个创始人像褚老一样有强大精神财富光环就会更加加分。

方法5：视觉符号

我们可以通过视觉符号打造超级符号。视觉符号可以使无形的产品具有深刻的生命力，尤其是能够描述的视觉符号比那些无法描述的形象设计要强大得多，就是这个视觉符号能够具象、具体和明确。

比方说，奔驰方向盘、LV、特斯拉T、耐克的对钩、魔爪饮料的魔爪等都是非常具象的视觉符号。请问苹果、三星、华为这三个手机品牌哪个视觉符号更好？一个是苹果手机"被咬了一口的苹果"，一个是华为的品牌符号花，还有三星的拼音符号，很明显肯定是苹果，华为现在把这个花的视觉符号也都直接去掉了，只是用华为的拼音，我认为这是自毁城墙。当然我也很爱国，我也很喜欢华为，我一直在用华为的产品，但是我们不可否认苹果手机的超级符号"被咬了一口的苹果"简直太强大了，这个超级符号能够一本万利，帮它节省了无数的广告费，并成为苹果的"超级印钞机"。

互联网上有个针对奔驰和三菱这两个车标的热议叫作"论减肥的重要性"，因为三菱汽车的车标减一下肥就成了奔驰的方向盘，这进一步生动说明了奔驰这个方向盘车标符号是如此强大。

我服务过的厨邦酱油用绿色厨房格子布打造成超级符号，厨邦把它的酱油、鸡精、鸡粉、豆瓣酱、醋、食用油等所有产品全部用这个绿色格子布印上去，这个绿色格子布就成为它的"超级印钞机"，我举个例子，老太太跟老头说"老头子，去买一下酱油，买那个带绿格子布的酱油"，这个老头就知道是买这个厨邦酱油，厨邦酱油在中山建了一个酱油博物馆，就把这个绿色格子布的厨邦酱油产品做到10米高，然后整个厨邦公司的工厂装修、工服、门头、货架、名片、水杯、领带、围裙等所有宣传点全部用这个厨邦的格子布来贯穿始终。所以，我们服务南孚电池、金牌厨柜、金彭三轮车、台铃电动车、远洋塑胶跑道、鸡大哥原汤鸡粉、稻花1号五常大米、充管家充电器、江南贡泉等所有客户，都是坚定要求和建议客户把超级符号视觉贯穿到始终，并产生非常好的品牌宣传效果。

方法6：动物卡通

我们可以通过动物卡通打造超级符号。这8种打造超级符号的方法，我们最推崇的就是动物卡通和符号这两种，而动物卡通与视觉符号相比，它天生更具有强大的生命力和活力，把动物和人变成卡通形象并打造成超级符号更是一本万利，非常有张力和吸引力，全球有很多知名品牌都是用卡通形象来打造品牌。

20世纪美国十大广告形象中几乎全部都是卡通形象，有万宝路硬汉、麦当劳叔叔、贝蒂厨娘、劲量兔子和米其林轮胎超人等。

餐饮行业有麦当劳叔叔、肯德基爷爷、星巴克美人鱼等众多经典卡通符号，网上还流传真功夫李小龙拳打脚踢把麦当劳叔叔和肯德基爷爷打得满地找牙。

还有三只松鼠、周黑鸭、蜜雪冰城的雪王、旺仔牛奶的旺仔、腾讯企鹅、天猫的猫、京东的狗等众多各行各业都是用卡通形象在打造品牌，这些卡通形象可以一天24小时帮您工作，不用休息，不要工资，为您打工一辈子。

米其林轮胎通过这个"轮胎超人"卡通形象打造成全球轮胎第一品牌，米其林轮胎超人帮您把刹车距离缩短1米。威猛先生通过"威猛先生"卡

127

精准定位

通形象成为全球厨卫洁厕领导品牌，世家拖把魔术师成为全球拖把领导品牌。

美团外卖通过"跑得快的袋鼠"打造外卖第一品牌，它把袋鼠变成一个超级IP，很多美团骑手穿着美团袋鼠的工服，头上还戴着有长耳朵的袋鼠头盔，这些成千上万的美团外卖骑手相当于所向披靡的百万雄兵，这个不是用简单广告费来衡量的，这是无价的，这都是最高能量的品牌智慧。

再举个反面案例，海尔原来通过"海尔兄弟"卡通形象打造了它强大的超级符号，只可惜海尔后来自己把这个超级符号给放弃了。当然，海尔放弃海尔兄弟这个卡通符号可能是有诸多原因，但是，从品牌传播角度来说，海尔没有"海尔兄弟"这个卡通符号就会多花更多传播费用，这可能就是自毁城墙。

我们九德服务了很多客户也都是运用卡通来打造超级符号，金彭三轮车用"金色大鹏鸟"卡通打造成超级符号；远洋塑胶跑道用"绿色的远洋环保超人"卡通打造成超级符号；鸡大哥原汤鸡粉用"绿色卡通公鸡"打造成超级符号，绿色代表土鸡，绿色的鸡本身就非常奇特；充管家电动车充电器用"电工管家师傅"打造成超级符号；李家芝麻官芝麻酱用"七品芝麻官"打造成超级符号，小芝麻官大能量，它所有的包装设计、广宣物料、展会都把这个芝麻官充分运用到极致，我们在全国火锅食品展会用10万元达到1000万元的效果，我们在展会上一般是10个到20个芝麻官卡通形象提着一个大喇叭喊"李家芝麻官，高端芝麻酱领先品牌"；还有稻花1号的"大米卡通超人"、豆冠大豆油的"大豆卡通宝宝"、小蓝帽增产农药的"小蓝帽超人"等都是如此，都是花小钱办大事，能够最大限度地做低成本营销，并在互联网上疯狂传播起来。

方法7：动作

我们可以通过动作打造超级符号。动态的画面一般比静态更可信、更形象，品牌可以用某种特定的动作来打造超级符号。

比方说，军人用"敬军礼"作为军人的超级符号；佛家用"双手合十"作为佛家弟子的超级符号，这都是一个团体组织的标志性动作。同理，我们也完全可以用动作来打造超级符号，比如，江中健胃消食片请郭冬临做广告"把手放在肚子嚼一嚼消化"这个动作。

我们服务的生命1号把"在头顶上画个圆圈"作为超级符号，广告语是"生命1号补充大脑营养，提高记忆力"；我们服务六个核桃也借鉴这个生命1号的动作符号，用"手指在头耳部画个圆圈动脑"这个动作作为六个核桃的超级符号。

方法8：声音

我们也可以通过声音打造超级符号。视觉第一，听觉未必第二。听觉和视觉都是人最重要的记忆方式，品牌也可以通过某个特定声音来打造超级符号。

比如，英特尔把"噔噔噔噔噔"这个独特声音注册成自己独有商标，通过这个声音打造成品牌的超级符号，我们基本上都记得这个声音；恒源祥通过"恒源祥，羊羊羊"这个独特声音打造成品牌的超级符号，虽然很多年都没有看到恒源祥这个广告，但我们很多人都还记得这个广告语和声音，这是恒源祥多年打造的声音品牌资产；田七通过"拍照大声喊田七"这个动作和声音打造成品牌的超级符号，虽然田七牙膏已经衰落了，但现在很多人拍照都记得喊这个广告词和声音。

我们服务的台铃电动车也创造一个"铃铃舞"声音符号，因为，它的名字叫台铃，刚好骑车的形象口语就是"铃铃铃"，就连小朋友都知道用"铃铃铃"声音来开电动车，台铃的铃铃舞广告片在湖南卫视、江苏卫视都有播放，并且在互联网上快速疯狂传播，您也可以看一下这个广告片。

超级符号小结

上面讲解了打造超级符号的3大路径8大方法，超级符号3大路径是反映品类属性、反映品牌名称、反映品牌定位；超级符号8大创作方法是颜色、产品、包装、创始人、视觉符号、动物卡通、动作和声音。

　　这8大方法里最有杀伤力、最有效的是视觉符号和动物卡通这两种方法，当然这8大方法也可以通过多种杂交组合来系统运用，具体"运用之妙，存乎一心"，它需要把品牌的精准定位和超级符号有机结合，才能事半功倍，发挥出真正神奇的作用。也需要我们与各个品牌企业来具体分析操作，我们也协助了很多的企业用超级符号来高效打造品牌。未来，我们也会继续把精准定位和超级符号这两大精髓方法来高效融合，从而更好地帮助我们的中国民族企业打造强势品牌，我们也拭目以待。

第六章 九德精准定位兵法

精准定位

在这里系统介绍一下我们九德定位的方法论体系。我在这个行业做了20年，融合特劳特、里斯、华与华、王志纲、叶茂中、路长全、江南春、张晓岚等各门各家营销大师的方法体系，以及易儒释道法兵医史思想精髓等，加上我自己的智慧生发，总结出打造品牌的精准定位兵法体系。

首先向大家笼统地汇报一遍，我们第一个核心方法是"第一特性定位"，就是"第一特性打造第一品牌"，这个我在前面已经反复讲过了无数次，还有"天道战略""精准定位九字诀""打造第一品牌18步""精准定位4角分析""精准定位4大步骤""精准定位5大标准""精准定位6力模型""品类创新16大方法""营销胜败3大力量""精力定位9维思维""制定定位标准3大方法""品牌命名4大方法""定位广告语6大步骤""超级符号8大方法""定位公关6大原则""定位广告片5大标准"等，上面的核心部分我们在前面已经讲解过了，在这里主要补充讲一下其他的方法体系。

01 九德定位兵法道统

首先向大家汇报一下九德精准定位兵法的道统，我们时刻都要饮水思源，任何事物都有其源远流长，那我们九德定位以及我打造品牌的道统是什么？

第一，易儒释道法兵医史

我从小就非常喜欢研究学习中国传统文化"易儒释道法兵医史"，中国的文化是儒释道三足鼎立，缺一不可，缺任何一家都是不完美的。

我们要研究打造品牌的道法术器，就一定要从根本上同时系统研究儒释道三家，《易经》是群经之首、万经之源，我们首先必须从《易经》开始，我从小就开始学习易经玄学。于是，我就研究和提出了"天道战略"

和"第一特性"理论方法,这是打造品牌的根本源泉,也是整个中国人的人心和心智的根本源泉,这里面包含我们老祖宗5000年的智慧和精髓。

"易儒释道法兵医史"也是整个中华民族赖以生存和生生不息的文化根源,所以,我们要去努力汲取里面最博大精深的经验智慧,并把这个智慧取之于民,用之于民。从而,更好地造福我们的客户和行业,更高效抢占消费者心智和打造行业领导品牌。

第二,特劳特、里斯定位理论

特劳特是全球最顶尖的战略定位咨询公司,我有幸10多年前在特劳特公司工作服务过,我已近20年如一日地专注研究和实践特劳特定位和里斯品类战略,特劳特和里斯分手之后,两家的定位思想各有精髓和绝招,所以,我们会把特劳特和里斯两家定位方法精髓充分吸收和融会贯通。

第三,华与华方法精髓

华与华是中国顶尖的营销咨询和广告公司,我也有幸10多年前在华与华公司工作服务过,深谙华与华方法精髓之道。所以,我也能把定位理论和华与华方法两大顶尖门派思想精髓有机结合和无缝连接,华与华方法的精髓和本质是传播学,我们先运用定位理论做好品牌的精准定位之后,再运用华与华的超级话语、超级符号等传播方法体系就会事半功倍,就能达到"止于至善"的完美境界。

在我人生这40年来,从我有些觉悟开始,我一直努力坚持每天早上五六点早起与宇宙能量链接,去感悟宇宙人生的发展规律和道法术器,感悟"人法地、地法天、天法道、道法自然"和"道生一、一生二、二生三、三生万物"天道智慧,不断海纳百川、兼收并蓄、自成一家,不断构建和完善自己的思维体系。

中国有句古话叫作"通晓古今可立一家之说,学贯中西必成经国之才"。所以,我讲的九德定位兵法和我自己的智慧生发肯定是融合百家之长,融合各门各家的精髓,把各家优秀的方法体系全部吸收过来为我所用,总之就是一句话,力求不断达到宇宙的最高境界,一切为我所用,所用一切为众生。

　　水低为海，人低为王。我一直崇尚一定要胸怀博大地吸收结合各大门派的精髓，而且虚怀若谷地吸收他们的先进思想，不管是他们的案例，还是他的思维体系。当然客观来讲，每家都有他的精髓和长处，同样都有他的局限和短板。所以，我们要尽最大可能吸收别人的精髓，并反过头来避其短板，也就是取其精髓，去其糟粕，为我所用。

　　如果我们想要成为绝世武林高手，就要去学郭靖、杨过、令狐冲，需要拜各门各派的师傅，学各门各派的绝招，融合百家之长。孔子、老子、孙子等国外内所有大圣人他们都是融合百家之长的集大成者。

　　我与其他的营销专家相比，绝对没有任何门户之见，我一直都是在认真践行孔子说的"三人行，必有我师焉"的教导，每个老师都有其精髓。当然，我们尽可能地吸收学习最顶尖老师的精髓。就像令狐冲，他开始学的是岳不群教的"华山剑法"，但真正打架取胜是靠风清扬教的绝招"独孤九剑"，然后，真正救自己性命和打败岳不群靠的却是任我行教给他的"吸星大法"，并且，他自己调息练功和治疗绝症靠的是少林寺的"易筋经"，少林寺方丈方正大师和武当冲虚道长都是他的老师和朋友。

　　平心而论，半生以来，我从小出生贫寒，其貌不扬，资质非常愚钝，我要笨鸟先飞与快速提升自己的能量和智慧就更需要如此。我也非常有幸得到老天莫大的垂怜，在我的初步营销战略职业生涯当中，不仅在全球顶尖的特劳特战略定位公司工作过，能够充分吸收特劳特和里斯的定位思想；同时也在中国本土顶尖的华与华营销咨询公司工作过，同样深谙华与华的方法和传播体系，很多客户和同行也说我这个工作经历是行业内极其少有的。然后，我也认真学习研究本土的像王志纲、叶茂中、路长全、江南春等众多营销大师和前辈，他们同样也是我生命中的恩师和贵人，我是有幸站在这些前辈大师的肩膀上去思考，并时刻用心与宇宙天地万物同频共振，得出我们九德定位兵法，其中最核心就是"第一特性定位"思想，就是"第一特性打造第一品牌"，包括"精准定位5大标准"等。比如，特劳特占据"定位"、里斯占据"品类创新"、华与华是"超级符号就是超级创意"、王志纲是"找魂"、叶茂中是"冲突战略"、路长全是"切割营销"、江南春是"场景营销",那我和九德是"第一特性",我们叫"第一特性打造第一品牌",通过抢占第一特性去打造第一品牌。

02 天道战略兵法

我们九德定位和我本人的思维体系首先是"徐雄俊天道战略",我认为精准定位的前提是要符合宇宙天道规律,因为万事万物由道生,天地未开先有道,有道之后才有天地、众生和万事万物。所以,我们做任何事一定要符合天道规律,合天道者生,逆天道者亡。得人心就是要占领消费者的心智,中国的文化核心就是王道文化,得民心者得天下,得民心者成王道。

所以,您的定位就是要获得人心,首先就是抓住消费者第一特性和痛点。然后知行合一,说到做到,同时,您的定位也应该与您的使命相吻合,真正的使命就是生发造福人类的使命。我专门总结了"天道战略三角模型",提出最高境界的精准定位是要做到定位与天道、使命、人心四位一体,首先定位的核心根本是要符合宇宙天道规律,老子《道德经》最后一章揭晓他第一章讲的"道可道,非常道,名可名,非常名"的开篇提问,他讲到了"天之道,利而不害,圣人之道,为而不争"。所以,要"利而不害"就必须要生发利益众生的使命,然后,人心就是要抢占消费者心智认知。总结一下,精准定位要符合天道规律,抢占消费者心智认知,生发造福人类使命;做到天道、人心、使命三位一体就是我们品牌的精准定位。很多成功的品牌,还有古往今来所有成功的英雄伟人,最终都是要符合这个天道、人心、使命三位一体的才能够流芳百世,才能人过留名,雁过留声。

精准定位

我非常崇拜的一个圣贤叫范仲淹,他的定位使命和广告语叫作"不为良相,便为良医",我自己在家里做一个圣贤天道墙,把刚才讲到的"易儒释道法兵医史"古圣先贤,包括我们行业的特劳特、里斯、华与华、王志纲、叶茂中、路长全、江南春、张晓岚等国内外顶尖大师和前辈老师,还有我们九德定位和我自己近20年服务客户的照片全部贴在墙上,成为我的"天地君亲师"天道墙。范仲淹在《岳阳楼记》的经典名言是"先天下之忧而忧,后天下之乐而乐",所以,范仲淹成为一个伟大的圣贤,他的这句话就是他的广告语,也是激励中国后代这么多文人墨客为之奋斗的一个人生理想。

梁山宋江的定位是"替天行道",梁山最早的寨主是一个小人叫王伦,林冲火拼王伦之后是晁盖,晁盖给梁山做的定位是"劫富济贫",比如,林冲要上梁山必须砍一个人头做投名状。所以,那时候梁山就是一群杀人放火、打家劫舍的土匪,是没有精准定位和使命的。但是,宋江成为梁山寨主之后,竖了一杆大旗叫"替天行道",老子《道德经》说:"执大象,天下往,往而不害,安平泰",这个"替天行道"就是他的"执大象",就是他的定位和使命,宋江做了这个"替天行道"的定位之后,天下英雄无不投之,所以,才吸引108位好汉奔赴梁山,才能够轰轰烈烈干一番事业出来。

岳飞的定位和天道战略就是岳母刺的四个大字叫"精忠报国",所以岳飞在短短的39年一生中都在做"精忠报国,还我河山"这一件事,"精忠报国"也成为岳飞一生的使命和广告语,这也是后世中国很多士大夫和文臣武将的一个核心思想牵引。

国父孙中山60岁因为肝癌去世,孙中山终其一生推翻了清朝,建立了中华民国,孙中山一生的定位就是四个大字"天下为公",这也非常符合宇宙天道规律,符合消费者心智和解决消费者痛点,也成为他一生造福中国四万万同胞的人生使命,这就是他的天道战略。

同仁堂的广告语叫作"同修仁德,济世养生",这就是符合天道,同仁堂大门有一个对联叫作"品味虽贵，必不敢减物力；炮制虽繁，必不敢省人工"，这就是同仁堂为什么能够300年屹立不倒，就是因为它的定位和广告语完全符合天道、人心、使命。不管是"普度众生"，还是"替天行道""精忠报国""天下为公""为人民服务"等都是如此。

马云能够成就一番事业，是因为他的定位和使命是"让天下没有难做的生意"；乔布斯的定位和使命是"活着就是为了改变世界"，他创造的智能手机确实改变了世界，也促进了移动互联网的巨大进步。当然，智能手机同时也给社会带来巨大的伤害和负面，现在的人看手机有点像吸食鸦片，很多人天天抱着手机看，变得呆傻，也间接让很多人得了颈椎病和眼疾，间接让很多夫妻关系更冷漠。我们所有人花在手机上的时间过多了，与整个社会、大自然，包括自己另一半和家人的时间就少了，特别是很多孩子在手机上玩游戏，这也成为全社会的灾难和社会难题。

公牛插座的定位和使命就是生产出最安全的插座，解决这个插座用电安全，这也是天道、人心、使命三位一体；马斯克现在成为全球首富，特斯拉电动汽车的使命是"加快人类向新能源转变"，SpaceX火箭公司的使命是"建立人类第二家园"，马斯克因为对人类做出最伟大的贡献，所以他就自然成为全球首富。

自古以来，利天下民，得天下利；财自道生，利源义取。但是，我们有些不良企业家，很多既得利益的精英阶层，包括我们很多专家老师，天天开口闭口句句不离赚钱，甚至还在理直气壮和非常偏狭地说只有赚到大钱才叫成功，自己甚至为了赚钱而唯利是图、不择手段、坑蒙拐骗，成为杰出的"精致利己主义者"代表。其实，这种价值观完全违背了天道，早已丧失了道心，就算他们目前赚到了钱，这种钱也是凶财，这种钱财也是不可能长久的。儒家《大学》讲"德者本也，财者末也；仁者以财发身，不仁者以身发财"，孔子说"失去仁义的富和贵，于我如浮云"，所以，我一直在呐喊和呼吁我们中国所有的企业家、创业者和定位同人等，我们做定位和做任何事情要有道心，要符合天道战略，真正从造福全人类来生发

精准定位

使命和定位，您的品牌战略定位才会更加精准有效，您赚的钱财才会真正持久。

我们看到中国所有的名垂千古的圣贤和伟人，他们的人生没有一个是把赚钱作为人生目的的。中国的东西南北五大财神，不管是财神比干、范蠡，还是财神皇帝柴荣；不管是文财神赵公明，还是武财神关羽；我发现所有的财神爷都不是为了赚钱，而是为了建功立业干大事，为了造福众生，赚钱都是顺带的。所以，君子爱财有道，好色有品，上面这些都是我们老祖宗已经传承5000年的核心天道智慧，我们的企业家、老百姓，特别是我们正身处高位的精英阶层一定要认真审视和反思，这些根本的绝对智慧不能抛弃，我们的专家老师更不能天天疯狂地提倡"赚钱至上、赚钱至上、赚钱至上"，更不能引导社会"赚钱就是衡量一切成功的标准"，我与分众传媒江南春江总价值观非常相投，惺惺相惜，他经常挂在嘴边的一句名言叫作"人生以服务为目的，赚钱顺带；人生以赚钱为目的，破产是注定的"，这个论断非常慈悲和智慧，我想我们为什么把钱叫作"人民币"？就是指您全心全意地为人民服务和造福人民，人民币就自然为您服务。

爱出者爱返，福往者福来。利他才是最好的利己，世界上最大的自私就是无私，世界上最大的无私就是自私。很多大德一募捐做慈善就是一个亿，我认为世界首富不是比尔·盖茨，不是马斯克，不是马云等，应该是孔子、老子等千古圣人，他们收钱已经收了2000多年，我相信再收2000年是完全没有问题的。孔子一生的追求从来不是为了赚钱，而是为了行仁义，行周公之礼，倡导仁义礼智信，崇尚大同世界；他不为己谋，而为天下谋；他不为己安，而为天下安。孔子家族现在已经传承到80多代，我多次去到三孔祭拜，孔府应该是全球最大的传承家族，而且孔子的封号是"大成至圣先师文宣王"，他是百代帝王师，天下文官主，天不生仲尼，万古如长夜。孔林是全世界最大的家族陵园，整个孔氏家族超过10万人埋葬在这个孔林里，孔子一生都不追求财富，但几乎后世历朝历代所有的皇帝都要给他册封。所以，所有的财富都是要合天道人心，这是根本的宇宙规律,这就是我讲的天道战略的核心思想。

03 九德品牌制胜兵法

我们中国最高的兵法叫作《孙子兵法》,《孙子兵法》比西方的克劳塞维茨《战争论》等著名兵法都要高明太多了,他们更多讲的是术,但是《孙子兵法》十三篇讲的是道法术器,从"道天地将法"兵者五事,从天时、地利、人和三个维度,不管是高度、广度、深度,还是对后世的普世价值,都是对全球最有影响力的。

我从这里面吸收一下孙子兵法"道天地将法"智慧延伸到品牌营销,我们打造品牌也是一定要先有道,"道"就是天道人心,就是要夺取消费者的心智,抓住消费者的痛点和解决痛点;"天"是天时,就是打造品牌的时机和先机,就是时间窗口,抓住一个时间窗口去饱和攻击;"地"就是市场和渠道;然后"将"就是公司的核心领袖和领导团队,您要想打胜仗,要想打造一个伟大的品牌,建立伟大的组织和事业,首先就要有一个伟大的领袖,如宗庆后、马云、马斯克等;最后"法"是方法,就是打造品牌战略的战略战术。

中国还有更高维度的能量是神,所谓"天时不如地利,地利不如人和,人和不如神助",如神助就是与神同在,成为天道规律的化身。当然,孔子告诫我们"君子不言怪力乱神",我说崇尚"神"绝不是刻意妖魔化或者神化,所谓"神"其实就是天道规律。所以,不管是老子、孔子,他们都是真理的化身,都是与神同在,都是替天行道,我们每一个人只要能真正做到与真理同在,与天道同在,您自然就是神了。所有圣人最终都是与神同在,就是达到了无我的境界,全心全意为人民服务,全心全意利他,这样您的能量才是真正仁者无敌了,最终就会"天上天下,唯我独尊"。那"天上天下，唯我独尊"的前提就是您达到了无我的境界，自然而然就唯我独尊了。就像马斯克，他就是慢慢地与宇宙天道同在，致力于建立人类第二家园。所有的圣贤伟人本质都是一个伟大无私的品牌，这也是九德定位打造品牌一个非常重要的思维体系根源。

04 打造品牌的道法术器

我们做任何事情都要有"道法术器"四个维度的方法论体系，打造品牌同样需要"道法术器"，并从高度、广度、深度三个维度出发，大处要壮阔，小处要锋利；您的战略要有高度、广度、深度，同时战略战术又必须要能落地。

真正开悟的企业家和战略家，肯定是能够打通战略、策略、战术三位一体，刚才已经讲过了打造品牌的"道法术器"，"道"就是天道人心；"法"就是核心品牌战略定位和分配机制，道就是为什么而干，为谁辛苦为谁忙，机制就是干完怎么分钱；"术"就是落地的方法；那"器"就是工具，器者工具也，工欲善其事，必先利其器。而这也是九德定位和我正在做的事情，包括我们服务客户也是从"道法术器"和"道天地将法"的维度来服务客户，我们都是为了更好地造福于我们的民族企业家，我们九德定位的使命是"活着就是为了振兴中国民族品牌"。

05 超级品牌的6大标准

很多人问我什么叫成功的超级品牌？我也总结了超级品牌的6大标准。

第一，超级品类，占据有价值的趋势性品类。

品类大于品牌，先有品类，后有品牌，首先您这个品牌一定要占据一个有价值的趋势性品类。比方说美团占据外卖，王老吉占据凉茶，特斯拉占据新能源汽车，苹果占据智能手机，三只松鼠占据坚果，它才能成为百亿的、千亿的大品牌。

第二，超级爆品，拥有一个核心超级大单品。

有了超级品类之后，您必须要有一个卖得好的核心超级爆品。红牛、王老吉、六个核桃、农夫山泉、旺仔牛奶、蓝月亮洗衣液、公牛插座这些成功大品牌都拥有一个上百亿级别的核心的超级大单品，包括现在比较火的饮料是元气森林，0糖0脂0卡气泡水，它都有一个超级爆品。

第三，超级话语，拥有一个脍炙人口的品牌名和广告语。

超级话语是一个超级品牌的绝对标配，超级话语包含品牌名和广告语，一般品牌名经常蕴含在广告语里面。比如，"今年过节不收礼，收礼只收脑白金""怕上火，喝王老吉""经常用脑，喝六个核桃""爱干净，住汉庭""美团外卖，送啥都快""支付，就用支付宝"等。

第四，超级符号，拥有一个能记忆的设计符号。

超级品牌如能配上能够被记忆的设计符号就马上如虎添翼。比方说，提到奔驰马上就想到它的方向盘；想到蜜雪冰城马上就会显现它的雪王；还有麦当劳叔叔、肯德基爷爷、星巴克美人鱼、苹果手机的苹果等。最近马斯克把推特的超级符号从原来的"小蓝鸟"改成一个"x"，我认为可能是有点草率，值得商榷，因为马斯克是一个"外星人"，这个东西还不好说，但是我从自己的专业角度来说，这个"x"符号肯定没有原来的动物卡通"小蓝鸟"好记，就像我们腾讯的企鹅、天猫的猫、京东的狗、美团外卖的袋鼠、三只松鼠的松鼠等，都是非常好的动物卡通型的超级符号。

第五，超级利润，创造超级印钞机品牌利润。

因为超级品类、超级爆品、超级话语、超级符号，就必然带来一个超级利润，能够成为一个"超级印钞机"。比如，农夫山泉天天去印钱；特斯拉的车天天去印钱；苹果手机天天去印钱；蜜雪冰城的冰激凌天天去印钱；支付就用支付宝，只要您用支付宝它就肯定会收过路费。

第六，超级能量，能形成广泛的社会影响力。

超级品类、超级爆品、超级话语、超级符号、超级利润最终自然就会形成一个超级能量，就是您的品牌能形成一个强大的社会影响力，不管是苹果、特斯拉，还是美团外卖、农夫山泉、三只松鼠等都能形成一个广泛的社会影响力。

06 销售增长6大方法

所有人都非常关心如何做销售增长，我们也总结了销售增长6大根本方法。

第一，精准定位引爆；第二，激活老品增长；第三，增加新品增长；第四，增加新消费场景；第五，增加市场和渠道；第六，电商和终端引爆。

首先通过精准定位引爆来获得销量的快速增长，然后激活老品类、老品牌、老产品的增长；如果老产品激活不了，就增加一个新的品类和产品，增加新的消费场景，增加市场和渠道，并在电商和终端持续引爆。

比方说，王老吉的增长就是通过精准定位从原来的凉茶铺"健康家庭，永远相伴"变成"怕上火，喝王老吉"预防上火饮料，然后从南到北，从东往西地全国去精准定位引爆。同时，王老吉也是激活老品，并且它也增加了新的消费场景，原来是吃火锅，后来是熬夜看足球，过年过节家庭送礼。另外，王老吉也增加了新的市场渠道，原来只是餐饮渠道，后来进了商超和电商，让王老吉在电商和终端都能引爆。

波司登的增长方法也是激活老品增长，之前波司登的老品羽绒服被边缘化了，经常只能在夏天反季节销售，而且主要是中老年人在买，但25岁到45岁的主流年轻人买得少，而且很多有钱人也不买。所以，它要激活成为"畅销全球的羽绒服专家"，让更多的年轻人和高端人士来买，同时它也增加市场和渠道，电商终端引爆，一年四季都能卖。

洽洽原来百分之九十左右的销量主要依赖于洽洽瓜子品类，后来通过洽洽坚果创造新的第二增长点和利润曲线，就是因为它找到了一个新品，就是洽洽每日坚果，一下子帮它带来每年10亿元左右的销售额。所以，洽洽坚果是增加新品增长，然后，这个新品类也是通过增加市场渠道等来实现增长。

绝味鸭脖的成功也是通过精准定位，然后通过场景破圈，原来是很多女生在地铁里面经过买个鸭脖解馋，后来绝味说："熬夜加班怎能没有绝味鸭脖？熬夜看足球怎能没有绝味鸭脖？"

妙可蓝多的增长也是通过这6个维度来进行，一般来说，我们没有什么捷径去快速增长，您还是要把这些传统的、新型的"道法术器"和"战略、策略、战术"做到位才能增长。妙可蓝多的增长首先也是精准定位成"奶酪，就选妙可蓝多"，定位特性是能够补钙；然后增加各种消费场景，不断推广说"早餐来一根，吃粥来一根，放学来一根，聚会来一根"，并说"我长高高要吃妙可蓝多，想要你的孩子长得更高吗？那就多吃妙可蓝多奶酪棒"。所以它进一步通过人群的扩大，消费场景的扩大，然后通过全国招商、超市和电商终端去引爆。

07 打造品牌成功4大关键

打造品牌成功的关键要素是什么？打造品牌如何抓主要矛盾？我们总结了打造品牌成功的4大关键，供大家参考。

第一，找到品牌精准定位。

说一千道一万，最最核心的就是要找到品牌的精准定位。这个在前面已有大量剖析，在此不再赘述。

第二，品牌传播植入心智。

做好定位之后就要去传播执行，通过产品、价格、渠道、推广、广告、公关等所有的资源去传播并植入消费者心智，并且传播的关键就是"简单重复，直到你吐"。

第三，做好社交种草种树。

首先要针对第一拨原点人群种草，比方说，元气森林是0糖0脂0卡气泡水，最开始它是互联网起家的，在小红书、B站、微博等新媒体社交平台去种草，并不断扩大口碑传播，很多消费者评价说："这个水0糖0脂0卡，怕糖的人可以多喝，三高人群都可以喝，水蜜桃味很好。"当然，种草之后要能把它变成参天大树。

第四，线上线下渠道分销。

不管您是从线上到线下，还是从线下到线上，都一样要做好渠道分销，三只松鼠、元气森林、十月稻田大米都是先做好线上，再做好线下。

所以，江南春总结出打造品牌就是核心两件事情和八个大字："抢占心智+深度分销"，这个总结非常精准。把这两件事情做好，您的品牌销量自然增长，赚钱都是顺带的，就怕我们这两个方面都做不好，或者是有一个做得不到位，您还是很难赚钱。广东有一句俗话"力不到，不为财"，您抢占心智这一块没做好，或者深度分销做得不到位，就很难成功打造品牌。

08 定位落地4大要点

做好定位落地有哪些要点呢？同样我们总结定位落地的4大要点，供大家参考。

第一，品牌精准定位，定位饱和传播。

所有成功品牌做好精准定位之后就要做好饱和式传播，这个传播不仅仅是打广告，还有公关也很重要。包括淘宝、京东、拼多多等传统电商，还有抖音、小红书、B站、微博、知乎等新媒体也要做好传播推广。

第二，抢占原点渠道，引爆原点人群。

品牌起步的时候千万不要机关枪打鸟，可以先从某个原点人群和原点渠道发力，一般品牌都是从线下往线上打，但三只松鼠、元气森林、十月稻田等采取了与传统品牌相反的渠道策略，关键是前期切忌贪多求全，可以先从某个原点人群和原点渠道切入，以点带线，以线带面。

第三，聚焦优势区域，打造样板市场。

打造品牌前期一定要聚焦某个优势区域，比如，中国解放战争是先从解放东北三省的辽沈战役打起，然后淮海战役、平津战役解放华北，最后通过打渡江战役解放全中国，它一定是从一个小优势区域走向另外一个更大的优势区域，从一个小的成功走向另外一个大的成功，才能逐步打造样板市场。

第四，线上线下引爆，全国招商复制。

样板市场快不得，全国市场慢不得，样板市场做好之后就要全国复制，解放全中国。

09 精准定位9维思维

精准定位9维思维本质是非常有杀伤力的宇宙思维，整个宇宙不管是三维、四维、五维还是更高维，我们目前能够看到的宇宙人生主要是"时间、空间、角度"三个维度，时间维度是过去、现在、未来；空间维度是本地、全国、全球；角度就是你、我、他，你就是"顾客"，我是"自身"，

精准定位

他就是"竞争对手"。

具体这个"精准定位9维思维"如何去检验？如何去操作？我们哲学和宇宙都会讲到"时间、空间、角度"三大维度，我在这里把它转化成精准定位思维同样非常实用，大道相通，大道至简，任何学科最终都是哲学问题，任何领域在山顶最高峰都是殊途同归。

首先从时间维度来检验，您的定位是否精准，看一下这个定位在过去是否实用。例如，王老吉定位成预防上火的饮料，过去有没有这个下火的概念、痛点和需求？很明显，过去2000年我们中国人都有下火的概念，那我相信未来2000年同样还是有下火的概念和需求，这是从时间维度检验和分析。

从空间维度检验这个下火的概念，广东本地人喜欢喝凉茶下火，那在全国所有老百姓是否喜欢喝凉茶下火？中国人都能够接受下火这个认知和定位来喝凉茶，那在全球可不可以呢？可能全球稍微弱了一点，因为中国人有下火的概念，老外的下火认知稍微弱一点。但是，未来可以借助全球华人和中国文化的影响力，它也有机会走向全球，因为中国凉茶、中草药、中国文化等国粹都有机会在中国的伟大复兴和"一带一路"倡议下走向全球，当中国文化走向全球之后，那王老吉就也可以像可口可乐一样走向全球，成为中国文化的象征和代表。

从角度维度"你我他"来分析，我发现定位三角分析就是从"消费者、竞争、自身"这三个"你我他"角度来分析的，这个定位需要符合消费者痛点，然后跟竞争对手区隔，并符合我自身优势。

所以，不管是"公牛安全插座"，还是"爱干净住汉庭"等经典定位，都可以用这个定精准位9位思维"时间、空间、角度"来检验和论证，因为"时间、空间、角度"每一个维度延伸都是三个，刚好三三得九。不管是快消品、餐饮行业，还是工业品、家居建材等，以及我们服务的南孚电池、金牌厨柜、金彭三轮车、台铃电动车、江南贡泉山泉水等客户，都可以通过这个"精准定位9维思维"来研究分析和论证检验，就能更全面、更高效地从高度、广度、深度做出精准定位。

10 决定营销胜败3大力量

定位之父里斯、特劳特他们都在宣称这一辈子都在致力于寻找和定义决定营销胜败的关键力量，同样这也是我毕生的人生使命所在，我在这些前辈的基础上总结了决定营销胜败的3大关键力量，看大家觉得总结得是否精准有效？

我时刻在思考，有的产品卖得好，有的产品卖得不好；有的产品放在超市货架或电商平台上就能疯狂地动销，而有的产品却卖不动而导致亏损倒闭。所以，决定营销胜败背后的关键力量是什么？与牛顿的万有引力一样，我总结是3大力量三足鼎立，即产品力、心智力、渠道力。

第一个力是产品力，就是产品本身的质量和科技。比方说，2008年有些牛奶大品牌因为三聚氰胺危机而面临倒闭，很多婴儿吃了"三聚氰胺毒奶粉"之后变成了"大头娃娃"，给无数婴孩家庭带来巨大伤害。如果产品出现了问题，即使营销广告做得再好，即使您多么爱国或像个圣人，多么高调宣称"每天一斤奶，强壮中国人，强乳兴农"最终都会烟消云散。所以，产品力一定要好，好的产品自己会走路，比如特斯拉因为本身产品质量和科技非常优越，自然比奔驰、宝马卖得好。

第二个力是心智力，就是心智层面的拉力，认知大于事实。比方说，想到饮用水就想到农夫山泉，农夫山泉产品质量本身好与不好并不重要，消费者心智认为您是山泉水比事实上到底是不是山泉水更重要。因为"农夫山泉有点甜"的好名字和广告语带来的强大的心智牵引力非常强大，当然农夫山泉的天然水比纯净水和矿物质水事实上还是要健康一点。

第三个力就是渠道力，就是渠道层面的拉力。比如，渴了想买一瓶水，我首先想到了买农夫山泉，然后我去到超市、便利店或售卖机，能马上看到和买到这个产品就是渠道力，否则产品只能飘在空中，只能想到但买不到，不能进入渠道都是无法实现销售购买落地。

所以，这三大产品动销力的三个因素缺一不可，三个力都要抓，三个力都不能弱。首先您产品本身的产品质量要过硬，很多营销专家说："做品牌营销，产品质量不重要"，那都是胡说八道、误人子弟，都是入了魔障，进入了魔道，产品质量绝对是一个及格入场券，您没有做好产品，连基本入门的资格都没有，产品力是每个品牌都应该做到的最低基本功，然后，再占据消费者心智拉力和终端渠道推力。总之，您要从0做到1，从1做到10，做到100亿、1000亿，都是要产品力、心智力、渠道力同时进行协同作战，才能实现快速增长和良性循环。

11 精准定位6力模型

第一，语言钉，品牌名和广告语是语言钉。

传统的语言钉只是说广告语是语言钉，我把这个概念进一步精确和升级改造，叫作品牌名字和广告语是语言钉。有时候您的品牌名就是一个最最简洁、最低成本的语言钉，有时候品牌名就包含您的广告语。比方说，奔驰、淘宝、支付宝、农夫山泉这些名字里面自带广告语，自带定位，自带流量；还有"怕上火，喝王老吉""农夫山泉有点甜""爱干净，住汉庭""美团外卖，送啥都快"这些优秀的广告语就是非常好的语言钉。

第二，视觉锤，用视觉锤去牢固语言钉。

里斯叫视觉锤，华与华叫超级符号。比如，奔驰方向盘、苹果手机被咬一口的苹果、蜜雪冰城的雪王、三只松鼠萌翻天都是非常优秀的视觉锤。

第三，广告风，用广告煽风。

中国是大国大民，有14亿人，30多个省级区域，有300多个市级单位，还有2800个县。近40年来品牌传播最主要的方式还是靠广告，只要找准了定位，再用广告煽风，还是能取得很好的效果，当然前提是您的广告内容要精准，即使是里斯先生把公关强调到一个非常高的地位，但是从中国40年的商战历史来看，广告还是目前在中国打造品牌传播的第一法则。

第四，公关火，用公关点火。

公关应该跟广告相配合，用广告去配合公关，用公关配合广告去落地。比如，农夫山泉在央视做的广告是"农夫山泉有点甜"，然后它在下面做了很多公关实验，它跟小朋友说喝纯净水不长个，喝农夫山泉可以长个；并在线下发起"寻找最美的水源地"定位公关，不管是长白山、千岛湖，还是在全中国十二大水源地公关，农夫山泉的广告和公关都是搭配作战的。

第五，新零售网，新零售网一网打尽。

所有的营销销售最后都需要线上线下系统布局，做到线上线下新零售网一起联动，并一网打尽。

第六，定位钩，用精准定位勾引人心。

最终形成您的定位钩，定位钩就是用精准定位系统来勾引人心。

这个精准定位6力模型，中间就是定位钩，定位钩是中间最大的一个核心力，下面是语言钉、视觉锤、广告风、公关火、新零售网，就像五星红旗中间是一颗大红星下面是四颗小红星。品牌名和广告语是语言钉，用视觉锤牢固语言钉，也可以叫超级符号，然后用广告去煽风，用公关去点火，新零售网一网打尽，才能造就一个好的定位钩，形成一个精准定位勾引人心，获得消费者首选，打造行业第一品牌。

12 定位商战4大方法

商场如战场，商场和战场一样残酷。处在不同位次的品牌，商战的打法也是不一样的。我们也精心总结了"定位商战的4大方法"，供大家参考使用。

第一名封杀品类，打防御战，主要做品类扩展和强化领导。

第二名抢占特性，打进攻战，可以抢占第一特性，成为第一品牌的对立面，或者定位新一代的选择。

第三名打侧翼战，开创新品类，它是避开与领导者直接竞争，通过"诺曼底登陆"，开创新品类，开创新赛道。

第四名之后的打游击战，您只能再聚焦、再细分一个自己守得住的细小品类和小山头，让对手无从进攻，或者是不想进攻，对手根本就瞧不上这块蛋糕。

例如，电商行业第一名天猫封杀品类，上天猫就够了；第二名京东抢占第一特性"送货更快"；第三名拼多多开创新品类，我不学万能淘宝搞全品类，也不学京东搞送货更快，而是开创新的团购品类，叫"拼着买，更便宜"；第四名唯品会聚焦到一个更细小的品类叫特卖，我只做大牌特卖，这是大牌对手不愿意进入或看不起的小市场。所以，唯品会也曾经一度成为仅次于阿里、京东的第三大电商网站，当然现在拼多多开创团购新品类而市值直逼阿里，这是后话。一般来说，第一名封杀品类，第二名抢占第一特性，第三名、第四名之后要么开创新品类，要么聚焦细分。

招聘行业的第一名智联定位成"好工作，上智联招聘"封杀品类，直接跟招聘品类画等号；第二名BOSS直聘找到一个定位特性"直聘"，打出"找工作，我要跟老板谈"；第三名猎聘网开创新品类，专门做猎头招聘；第四名以后的小品牌拉勾网再聚焦、再细分重新定位成做互联网招聘，打出"互联网招聘，上拉勾网"，找到一个聚焦细分的一个更小的品类。

手机行业第一品牌苹果封杀品类，叫作"高端智能手机选苹果"；挑战者华为、OPPO、vivo等打进攻战，华为主打国产特性，OPPO主打拍照特性；然后小米细分互联网手机品类。可乐行业第一名可口可乐打"正宗可乐"，是打防御战，第二名百事可乐打"新一代的选择"，是打进攻战和侧翼战。

电动车行业雅迪、爱玛都是占据电动车品类，打防御战，我们服务台电动车抢占第一特性"跑得更远"，打侧翼战。外卖行业饿了么是占据品类，广告语是"饿了，别叫妈，上饿了么""叫外卖，上饿了么"，但它最终是被美团外卖打败了，美团是"美团外卖，送啥都快"，它除了占据品类之外，更重要是抢占外卖的第一特性"快，半小时送达"，所以美团外卖就反超了饿了么。

另外，在这里我也补充一下商战的四大基本模型，特劳特、里斯写了一本非常著名的书叫作《商战》，它里面专门讲到了商战的四大基本模型，就是防御战、进攻战、侧翼战、游击战，对我们很多企业的品牌战、商战有很好的现实指导意义。但是这四大战役适合什么样的企业？适合什么阶段的企业？具体有什么指导原则呢？在这里我跟大家也简单地总结提炼一下。

第一，防御战。防御战有三条指导原则。

1. 只有领导者才能打防御战。这个防御战首先只适合领导者，如果是挑战者、跟随者，您只能打进攻战、侧翼战、游击战等。

2. 最佳的防御战是攻击自我。有时候"壮士断腕"自我进攻比进攻别人更难，特别是对于处于领导地位的大企业。

3. 面对强大的进攻时必须封锁。比方说，联军在诺曼底登陆，德军没有及时封锁，导致诺曼底登陆之后的失败。所以面临对手进攻的时候，您要做最有力、快速、敏捷的反应和封锁。

第二，进攻战。进攻战有三条指导原则。

1. 领导者的强势是重要考量因素。进攻时首先要避开领导者的强势，避开它的堡垒，找到它的弱点去进攻。

2. 从领导者强势中固有的弱点出击。找到对手最薄弱的地带去发动攻击，才能更容易成功突围。

3. 集中优势兵力在狭窄的战线去进攻。作为挑战者一定是要聚焦在某一点、某一个线上，撕开口子去竞争，不能全线出击，要聚焦到一个产品线，一个单品去进攻。

前面两条其实讲的是一个意思，实际上进攻领导者强势中固有的弱点，攻其不可守，最好是"打蛇打七寸"。

第三，侧翼战。侧翼战同样有三条指导原则。

1. 最佳的侧翼战应该是在无征地带进行。诺曼底登陆其实应该属于侧翼战，因为它是悄无声息地在敌人没有防守的地带进攻，才能成功登陆。

2. 战术奇袭也应作为作战的最重要的一环。《孙子兵法》讲到"凡战者，以正合，以奇胜"这个奇也可以理解成"出奇制胜，攻其不备"，《三国演义》打胜仗一般都是属于出奇制胜和战术奇袭。

3. 乘胜追击与进攻同等重要。《孙子兵法》有一个误区叫"穷寇莫追"，实际上真正的战果最大化就是要求乘胜追击、追击优势。

第四，游击战。游击战同样有三条基本原则。

1. 找到一块小到自己足以守得住的阵地。小企业只能先找到一个非常小的市场立足，比如先聚焦一个省、一个市、一个县的市场，我先做一个县的第一名也可以。

2. 不管多么成功您都不要像领导者。一定要知道自己还很弱小，不能锋芒毕露，如过早地暴露自己就可能非常危险，因为枪打出头鸟。

3. 一旦有失败迹象就要马上准备撤退。一旦对手要封杀您，您要赶紧撒腿就跑，保存有生力量，留得青山在，不怕没柴烧。

一般而言，第一名打防御战，第二名到第三名打进攻战，第四名到第六名打侧翼战，第七名之后只能打游击战了。看一下我们的企业处在哪个名次，处在哪个阶段，就一一对应选择更加精准高效的商战模型。

13 定位4大方法和差异化9法

定位4大核心方法

定位系列书籍有20多本，有讲到定位3大核心方法和差异化9法。我在原来的三大定位核心方法增加了一个对立定位方法，升级总结成"定位4大核心方法"，让大家管中窥豹，从宏观上有一个核心的把握。为什么加了一个"对立定位"呢？因为我们后来研究发现，"为对手重新定位"与"对立定位"是不一样的，"定位4大核心方法"的关键是看您这个行业品类有没有被领导者占据位置，以及您在消费者心智当中占据的位次，而采取不同的占位。

第一，抢先占位。这个品类没有领导者，处于"有品类，无品牌"阶段，您就抢先占位，第一个抢占品类第一，比方说凉茶行业，在大脑当中没有人占据，王老吉第一个占据凉茶品类。

第二，关联定位。这个品类已经有领导者了，比如和其正就关联定位说"瓶装凉茶和其正，大瓶更尽兴"。

第三，为对手重新定位。比方说，百事可乐做的为对手重新定位，因为可口可乐是可乐的发明者，百事可乐就把可口可乐定位成"老一代的选择"，是老古董，而百事可乐是新一代的选择。为对手重新定位，事实上对手不一定是您自己定义的那样，他只是找到一个有利于自己和师出有名的定位说法而已。

第四，对立定位。对立定位就是我直接跟对手反着走。你往东，我就往西；你往南，我就往北。对立定位有一个经典案例叫"五谷道场非油炸"，原来康师傅、统一都是做油炸方便面，五谷道场就对立做"非油炸方便面"。还有，原来的婚恋网领导品牌等都是做匿名制，里面有很多骗子骗财骗色，后来百合网对立定位"实名制婚恋网开创者"，只做实名制。2000年农夫山泉针对娃哈哈、怡宝都是做纯净水，就对立定位停止生产纯净水，只做天然水，这也是对立定位经典成功案例。

9大差异化方法

特劳特的《与众不同》讲到"9大差异化方法"，但很多定位专家把"9大差异化"夸张和误解成定位的核心方法，并把这"9大差异化方法"说成是9个可以直接套用的定位公式，确实有点走极端。其实，我们还是把它

精准定位

还原成作者定义的"9大差异化方法"会更精准负责一些,而不能把它归结为定位的核心方法。

所以,上面讲到"定位4大核心方法",包括我们讲到的精准定位九字诀"占品类、抢特性、争第一",还有"精准定位5大标准""精准定位4大步骤"等这才是定位的核心方法,而"9大差异化方法"还不能全部都上升到战略高度。

在这里,我们从3个层面把这9大方法去归类,如果从产品层面来讲,就有"抢占特性""制造方法""新一代的选择"这3大方法;如果从品牌层面来讲,就有"开创者""正宗""专家"这3大方法;如果从市场销量表现来说,就有"领导者""热销""最受青睐"这3大方法。下面具体来讲一下这"九大差异化方法"的相关案例。

第一,"抢占特性"案例有奔驰"尊贵"、海飞丝"去头屑"、联邦快递"隔夜送达"、王老吉"下火"等,针对产品特性这个差异化方法,确实与我提出的"抢占第一特性"不谋而合,并可把它作为一个最最核心重要的定位方法。

第二,"制作方法"案例有棒约翰披萨"更好的馅料,更好的比萨"、真功夫"营养还是蒸的好",你蒸我炸,你炸我蒸,也是对立定位。所以,很多定位方法是用"定位4大核心方法"和"9大差异化方法"进行杂交,需要有机结合在一起用才能达到一个最好的奇效。

第三,"开创者"案例有双汇"开创中国肉的品牌"、百度"开创中文搜索第一"、IBM"电脑开创者"、特斯拉"新能源汽车的开创者"等。

第四,"新一代的选择"案例有百事可乐"新一代的选择",我在10多年前服务过福娃雪饼,我们为福娃做的定位是"福娃糙米雪饼,新一代的雪饼",因为它的领导者旺旺雪饼是精米,我们就做糙米雪饼。

第五,"领导者定位"案例有很多,加多宝"凉茶领导者"、立白"全国销量领先",包括我们服务的蓝月亮"中国洗衣液领导品牌"等。

第六,"正宗经典"案例有可口可乐"可乐发明者"、椰树"正宗椰汁"、茅台"国酒"等。

第七,"最受青睐"案例也有很多,可口可乐"美国最受欢迎的饮料"、会稽山"绍兴人更爱喝的绍兴黄酒"等。

第八,"专家"案例有劲霸"专注夹克三十年"、安吉尔"高端净饮水专家"、唯品会"一家专门做特卖的网站",还有我们服务的金牌厨柜"更专业的高端厨柜"等。

第九,"热销"案例 也非常多,加多宝"中国每卖十罐凉茶有七罐加多宝",老板油烟机"中国每卖十台大吸力的油烟机有六台是老板",海底捞"中国排队最长的火锅餐饮",小郎酒"全国热销小瓶白酒"等。

我们系统学习一下"9大差异化方法"会对自己的定位有一个系统思维指导,但是,我们市面上有很多定位同行和很多学员有点犯教条主义错误,只喜欢套公式,最终结果往往是形似神不似,一般效果也不太好。归根结底,关键核心也是"运用之妙,层乎于心",就是永远要去研究消费者心智,消费者心智是检验真理的唯一标准,消费者的选择决定一家企业的生死存亡。最终,我们一定要把您的行业品类、消费者心智、竞争格局、企业自身四个维度研究清楚了再去做差异化定位,才能更好地夺取消费者心智成为消费者首选,这才是我们做定位的本质。

14 流量转化4大要点5大方法

流量转化4大要点

现在市面上最流行的营销主题是流量转化,流量确实非常非常重要,在这里,我们也讲一下如何快速引爆流量?我们精心总结出流量转化4大要点,供大家参考使用。

精准定位

同时，我们也力求正本清源，让您不要陷入流量的陷阱，不要从一个极端走到另一个极端，不然您拼命花钱买流量可能不会取得收益，甚至直接导致亏损倒闭。

我们有一个标准的销售公式：销售额 = 流量 × 转化率 × 客单价 × 复购率。首先，要有足够的流量，并且要有较高的成交转化率；其次，客单价要尽可能高；最后，复购率要高。比方说，一个门店，首先进店的客户数量要多，成交率要高，其次产品的客单价要高，最后客户后续复购率或者转介绍率要比较高，这样就形成一个非常良性的销售转化，才能真正轻松持续地赚钱。

我们一般把流量分为公域流量和私域流量，其实，真正流量应该是"流量 = 心域流量 × 公域流量 × 私域流量"，比方说，在淘宝、天猫、京东、拼多多、抖音、小红书、微博、知乎等主流电商和社交平台等的流量是叫公域流量，如果您自己做一个微信公众号或建立微信群等就是属于自己的私域流量。

什么叫心域流量呢？我们都知道要把公域流量转到自己的私域流量，但是公域流量和私域流量的前提应该是心域流量，其实，心域流量就是有多少人能够想到您，您喝凉茶首先想到王老吉，您想喝饮用水首先想到农夫山泉，您买插座首先想到公牛插座等这些心智认知，就叫心域流量，一般您有了心域流量，公域流量和私域流量都是顺带的，流量是品牌赢得人心的结果。

流量转化的4大要点是什么？我总结了八个大字和两件事情，就是"内容为王 + 天地人网"，现在网上比较流行"天网、地网、人网"，但是核心前提先要把"内容为王"做好，内容是1，下面的天地人网是0。

第一，流量转化第一要点是"内容为王"。

内容的核心就是精准定位，您必须先回答我是谁？我品牌的独特价值是什么？非买不可的购买理由是什么？以及消费者买我而不买对手的理由是什么？所以，为什么很多品牌在线上去做了大量的流量推广却没有效果？

第一大原因就有可能是您的内容有问题，您的定位有问题，您的传播内容让消费者无感。

第二，流量转化第二要点是"天网先行"。

天网就是最传统的空中广告，主要包括电视广告、电梯广告、互联网广告、新媒体广告、短视频广告，常见的天网除了央视广告、分众电梯等比较大的传统媒体之外，还有微博、微信、抖音、快手、小红书、B站、知乎这七大平台，同时我们要在各大平台去种草、种树，去裂变和收割。

第三，流量转化第三要点是"地网跟进"。

地网主要是指地面营销，就是线下的店面终端和销售人员的销售沟通，包括线下招商订货会、会议营销、人员拜访、电话营销等传统的地网根基。

第四，流量转化第四要点是"人网裂变"。

不管是天网和地网，您最终还是要通过我们的消费者去裂变，就是要引爆第一拨原点消费人群，并让消费者直接转变成我们的推销员，帮我们心口相传。如果您仅仅是靠自己投放的广告，这个品牌一般是很难赚钱的，品牌要赚大钱，就要让您的定位广告像发射一个疯狂的传染病信号一样，让消费者成为我们产品的推销员帮我们免费传播。

任何一个人都是沧海一粟，都是大海中的一滴水，我们只有把这一滴水融入大海，才能产生最大的力量。如果您的企业有1万人，但相对于14亿中国人和80亿地球人都是非常渺小的，关键是怎么让我们的这个产品一传十、十传百、百传千、千传万，让14亿中国人成为您的推销员，让80亿地球人成为您的推销员才是根本。比方说，马斯克做特斯拉新能源汽车，我们全球人都知道，这就是它的心域流量，您不管买与不买，都知道马斯克的故事，这叫心域流量，我的朋友推荐我买了台特斯拉，然后我也向身边的很多朋友推荐特斯拉。

所以，如果您的产品销售只靠自己打广告，您不能形成一个良性的营销闭环。因为您光靠自己的广告得到的流量，不管是传统央视还是分众电梯广告，还有各种互联网平台广告，可能最终都是入不敷出的，这也能解

精准定位

释为什么很多热衷于做流量的品牌都陷入了流量陷阱，并最终以亏损倒闭为结局。再比方说，不管您买不买万科房子，都知道房子做得最好的是万科，它就提前预售了；不管您买不买农夫山泉水，都知道农夫山泉有点甜，它就提前预售了，它已经让您做到"我的心中只有你"，这就是心域流量。这些品牌的成功首先在于它有好的精准定位内容，然后再运用天网、地网、人网，最终实现人网的裂变，做到"买我产品，传我美名，心口相传"。

流量转化5大方法

那具体如何做流量呢？我们也总结了流量转化的5大方法，供大家简单参考。

第一，线下流量。

最传统的线下流量就是我们线下开店的终端店面，或者是超市。

第二，电商流量。

主要就是淘宝、天猫、京东、拼多多、唯品会、美团等最主流的电商平台。

第三，广告流量。

就是传统的线上线下付费广告，包括新媒体广告，主要有央视、分众电梯、高铁、地铁、公交车身、户外大牌等。

第四，短视频流量。

现在最火的短视频流量主要有抖音、快手、微视、视频号、小红书、B站等，但物极必反，现在很多企业都陷入到短视频的流量陷阱里去了。

第五，社交流量。

比如，微信生态、微博、知乎等，这个主要是社交种草，流量转换肯定是要相互交叉结合，中国文化的精髓就是个太极文化，永远是阴阳结合、虚实结合、正奇结合。所以要做到"线上+线下""内容+社交""公域+私域""流量+留存""种草+收割"等相互结合。

如果您只做线上，不做线下，就不能落地；您只做社交，没有好内容，就事倍功半；您只做公域，没有私域，那最终可能就是为别人做嫁衣；您有很多流量，但是不能有效转化成交和留存，最终肯定是亏损，只种草不收割，您种的草可能都被别人收割掉了，一般都是先种草，然后把草浇灌成大树，让大树结上丰收的果实，最后去收割果实。

我们最近流行一个网红新品牌成功的公式，"网红新品牌=3000个抖音短视频+5000篇小红书+2000个知乎+李佳琦等直播带货"，是说一个网红新品牌要成功，要做3000个抖音短视频、5000篇小红书、2000个知乎笔记。然后请知名网红做电商直播带货，比如请小杨哥、李佳琦、罗永浩、东方甄选董宇辉等超级大V，这也是这两年网红品牌总结的一个营销打法。但是，说一千道一万，关键核心您必须有一个精准定位的内容，并一定要切忌流量陷阱，只有精准定位加流量打法才能取得最好的效果。

15 广告传播没有效果5大原因

很多品牌都在追问"为什么投了一个亿广告费没有效果？"，像恒大冰泉投了60多亿广告费最终亏损40亿被卖掉。我们也精心总结了"广告传播没有效果5大原因"，供大家参考和使用。

第一，定位不精准，缺乏明确非买不可的购买理由。

就是广告传播的定位内容有问题，定位内容就是我前面反复强调的"精准定位5大标准"，没有回答消费者买我而不买他的购买理由，没有非常有杀伤力和销售力的购买理由。

第二，广告量不够，没有打透和进入原点客户心智。

比方说，我们买一张火车票，您要从上海到北京，只买从上海到南京的半程票，怎么可能到终点呢？所以，如果广告量不够，就不能打透和引爆原点客户的心智，而且广告效果还有一个滞后效应。

第三，产品质量不好，产品质量和用户体验有缺陷。

产品质量是"老大难"的问题，我经常说产品质量是您做营销、做定

精准定位

位的入场券，是一个最低及格分。当然，我们有很多营销界的极端人士宣扬说"做品牌营销，产品质量不重要"，这是从一个极端迈入另一个极端，误入了邪道，就像济公说"酒肉穿肠过，佛在心中留；凡人若学我，必然入魔道"。产品质量非常重要，产品质量做得不到位，您基本上没有进入这个赛场的竞赛资格。比方说，某些牛奶大品牌曾经是因为三聚氰胺危机差点就要倒闭了；某个网红雪糕曾经卖到66元一支，但是产品质量出现问题，被爆出连火都烧不化，最终这个品牌有可能成为一个昙花一现的网红品牌。其实有很多这样的案例，我在这行业做了近20年，发现很多品牌如果产品质量不过硬就去投大广告，最终都是死路一条，甚至有时候广告投得越快，死得越快。

第四，社交种草不利，线上线下负面多。

比如您刚准备买特斯拉，如果一打开互联网就出现很多"特斯拉车起火、刹车失灵"等一大堆负面信息，负面太多，正面信息远远小于负面信息，最终您可能就不敢买了。现在互联网时代，您要高效打造品牌，一方面要做适量广告传播，另一方面要做好社交种草，特别是针对很多高级知识分子和中产阶级用户，这些用户购买产品可能不会只相信广告，而一定要去看各种互联网平台的产品评价。比方说，元气森林前期卖得好是因为它做了大量社交种草。

第五，销售转化不利，流量转化效率和成交率太低。

就是面对大量流量来的时候，您的转化率太低，就像董宇辉说的"您面临泼天富贵时能不能承接住"。比方说，您通过广告有100个客户来找您了，但您的成交率只有1%，最终只有一个客户选择，那说明您的转化率不够，99%客户都浪费掉了，这也是我们很多新品牌打完广告后面临的成交难题。

所以，最终要想达到最好的广告传播效果，花1000万元达到1亿元的效果，花1亿元达到10亿元的效果，做到事半功倍，获得指数级增长。这是个复杂的系统工程，就要做到定位精准、广告引爆量要相对足够、产品质量要过硬、社交种草要做好、销售转化率要做好，这5大系统问题都要全部解决和做好。

第七章
精准定位文章观点

01 打造品牌6大误区

西方300年，中国30年。中国30年走完西方300年的商业道路，中国企业在打造品牌方面的经验教训与西方相比是相对不足的，并存在严重的品牌打造误区。包括我们很多不良营销专家也在误导企业，甚至误人子弟、祸国殃民、劳民伤财。在这里，我也真心发愿像我们的古圣先贤一样能够正本清源，提供一些正知、正念、正见、正行的品牌打造思维体系，给各位企业家、创业者和相关同行梳理了打造品牌的6大误区供大家参考。

误区一，品牌制胜的关键是获取流量

这几年这个思想非常流行，真的是害人不浅，真正打造品牌从古至今都不是靠流量，人心永远比流量更重要，您只要获得了人心，自然得天下。我们看真正的流量大咖，比如孔子、老子他们有做流量吗？他们需要买流量吗？但他们的流量确实是最好的，他们不需要，他们永远在专注自己做品牌。但我们现在有很多品牌都陷入买流量的误区，疯狂买流量、搞促销而且乐此不疲，但实际上真正能够一眼看穿本质的人，都深知这是饮鸩止渴，流量一般都是短期效应，流量甚至相当于情人、牢饭和毒药。

首先，打造品牌的思维就像您找了一个意气相投、互相恩爱的女人结婚。前期可能很辛苦，但只要把老婆经营好，您就成功地打造了一个品牌，你们可以风雨同舟，成为长期主义的良性资产。如果您去买流量相当于到东莞找情人，她们一般只认钱，是按次数收费的。真正好的老婆可能前期一次投资较大，但后期只需维持好就能终身受益，而找情人每次都要付钱。

另外，现在买流量越来越贵，买流量有点像吃牢饭，就像《水浒传》

里很多梁山好汉因为坐牢吃牢饭经常会受到牢头狱卒无休止的恶意敲诈勒索，现在很多电商平台对商家也会存在流量勒索。比方说，我在某个大自媒体平台上发一个品牌的广告，这个平台就提醒说要花钱买流量推广，如果不花钱的话，它就会给限流，这就是流量敲诈。

特别是现在各大商家的竞价排名和流量广告越来越贵，无论您千方百计算来算去，可能永远算不过平台，您的脖子可能被平台牢牢卡住，最终，牢饭越来越贵，慢慢只能吃最后一顿牢饭了。所以，有很多一直迷恋买流量的淘品牌就昙花一现甚至倒闭消亡了。这几年买流量的品牌越来越力不从心，最终饮鸩止渴，成了吃慢性毒药，买流量就有点像吸鸦片毒药，这个慢性毒药短期内它可能会治病，但最终慢性毒药也会把您害死。

而且，流量战很多都是亏损，有一个互联网品牌叫完美日记，它每年买流量的费用大概占了其销售额的三分之一。比如，它一年销售额60亿元，但在各大电商平台买流量的钱就花了20亿元，最终却亏损了17亿元。完美日记、花西子等很多网红品牌都是如此，而完美日记、花西子还是比较优秀的互联网品牌，这两个品牌名字也非常优秀，相对而言算是比较成功的。还有很多成为"炮灰"而死掉的中小品牌早已灰飞烟灭了。同样，完美日记最大国产品牌对手百雀羚的定位是"天然草本不刺激"，就是通过核心打品牌广告而造就的长红品牌，近20年已经从1亿元销售额增加到近200亿元。

现在流量战、促销战、价格战已成为众多品牌的竞争常态，经常不促不销，后来促了也不销。特别是经过3年新冠疫情和多年经济危机的双重叠加效应，我们整个社会消费动力不足，传统线下门店的流量不断下滑，线上电商也是库存见底和流量衰竭，没有新的流量。您去买流量可能是"杀敌一千，自损八百"，买流量费用成本越来越高，您可能花1000万元买流量，利润还不一定有1000万元，您最终还是入不敷出。虽然现在新媒体兴趣电商抖音兴起，但很多人做抖音直播还是很难赢利。

所以，现实非常残酷，很多品牌疯狂做流量可能只赚吆喝和人气，最

精准定位

终还是很难赚钱，这也使我作为一个营销人时刻在反思这到底是什么原因，我们该如何去协调品牌广告和流量广告的关系呢？权威市场研究公司凯度咨询有一个很经典的公式，它总结一个理想品牌的销售转化应该70%是来自品牌转化，然后30%来自流量转化，我认为这个总结还是非常精准的，如果想要打造真正的长红品牌，不能只知道100%地去买流量和促销打折来获客，而核心还是应该老老实实地通过做品牌来获客，我们的主要营销费用还是要通过上央视或者分众电梯广告等核心媒体去投广告让消费者记得您。

真正成功的品牌做流量广告的前提必须先精准定位，精准定位的核心就是做好精准定位5大标准。界定一个有价值的品类，并取一个好的品牌名字，要抓住第一特性，加上好的广告语和超级符号，再去做相关流量转化，才能真正让老虎插上腾飞的翅膀，才能锦上添花。最理想的品牌制胜之道应该是传统品牌打造方法和现在流量打法相结合，您的品牌费用不一定要70%是品牌广告，30%是流量广告，我认为理想的广告费用搭配标准应该是至少50%以上去做品牌广告，50%做流量广告。只靠流量广告充其量就是一个网红品牌，很多网红品牌浮浮沉沉，今天是网红品牌，明天可能就死掉了，它不可能从网红到长红，网红就是红极一时，昙花一现，长红品牌就是持续地获得消费者选择，现在很多网红红一阵子就不见了，像刘德华、成龙已经火了40年，这叫长红品牌。

比如，娃哈哈、农夫山泉都是真正赢得人心的心智品牌，它不热衷于搞流量，但是它的流量是无穷无尽的，娃哈哈宗庆后、农夫山泉钟睒睒都曾多次蝉联中国首富。所以，人心比流量更重要，只要您坚持成功打造品牌，再去各大电商展示和销售，可能您不需要像对手一样疯狂花钱买流量，不用疯狂打折促销，但很多人还是会主动去搜您的品牌，好品牌自带流量光环，我们还是会主动去网上买娃哈哈、农夫山泉、格力空调、公牛插座等心智大品牌。

我再举个反例，如果疯狂买流量能够成为品牌制胜关键，那现在的短视频的第一品牌应该就是微视，而不是抖音。微信高峰期在中国有七八亿的日活用户，但微视为什么干不过抖音呢？抖音品牌制胜的关键是坚持打造品牌思维，而微视主要是靠自己强大的流量池做流量转化。所以，"品牌制胜关键是获取流量"的思维是错误的，流量是品牌赢得人心的结果，流量是术，品牌是道，先有道后有术。

误区二，品牌成功关键是满足客户的需求

中国文化叫作"一阴一阳谓之道"，告诉我们做事要阴阳结合和虚实结合，如果盲目陷入一种误区，经常会走向另外一个极端。如果所有人都去满足这个客户需求，那最终还是陷入了同质化竞争和价格战，或者是无休止的内耗。一个行业领导者永远去满足客户需求是对的，领导者的主要责任是教育消费者和满足客户的需求痛点，但是，作为挑战者和跟随者的中小品牌除了关注消费者需求，更关键的是一定要竞争导向，并且要找出我跟领导者的独特差异化，当然这个差异化也是要能满足客户的需求，但如果这个需求已经被您的对手牢牢地占领，您拼死最终也都是无效的。

比方说，消费者买插座，客户的需求要安全，但"安全"这个定位特性已经被公牛插座牢牢占据了，您再去抢占这个定位也注定是徒劳的。京东电商已经占据了"送货快"这个定位特性，如果再有一个新的电商品牌，直接学京东再去占据"快"，您的快递再快可能也比不过京东，最终可能是死路一条。所以，拼多多开创了另外一个跟京东、淘宝差异化的定位而获得成功。

再比方说，您再去跟王老吉抢占凉茶的第一需求"下火"，或者跟南孚电池抢占"耐用"需求特性，最终肯定是很难成功的，您只能去找到未被顾客满足和未被对手占据的新的需求和痛点才行。所以，"打造品牌成功的关键是满足客户需求"这个营销思维主要是符合领导者，而不适合挑战者和跟随者。

误区三，品牌形象是促进销售的核心力量

品牌形象是光环效应，您把品牌打造成功之后，自带光辉形象。有很

多企业家和营销专家经常举例说到"耐克，Just do it"和 LV 等诸多全球大牌和奢侈品都在打品牌形象广告。但事实上，品牌营销学也是一个考古学，我们现在看到的耐克、LV 等全球大品牌它们很多都是有上百年的历史，您只看到它现在的品牌创意和广告搞得很形象，很"高大上"，很简洁，但是它可能已经发展了 100 多年，它的成功是一个逐渐演变和简化的过程，就像耐克的 Logo 就是一个对钩，但是原来在对钩上面有一个明确的 NIKE 字标，只是这几年才把 NIKE 这个品牌名去掉了。

所以，我们很多品牌也学这个只有一个对钩的耐克，学奔驰搞一个方向盘，学苹果手机搞一个简洁苹果 Logo，同样连中文品牌名都不要了，搞一个品牌形象就行了，这就是陷入了一个品牌形象的巨大误区。首先这些品牌已经发展上百年，已经很成功了，还有这些品牌的品牌名称、超级符号、定位和广告语系统都比您优秀太多，我们不是随便就能借鉴学习的。

王老吉以前的广告语叫"健康家庭，永远相伴"，就是打"高大上"的品牌形象主义。我们服务的金彭三轮车原来的广告语叫作"真金品质，鹏程万里"，就是学国际大牌搞一个形象主义，结果这个企业面临亏损危机。所以，我们帮它调整成"金彭，全球电动三轮车领跑者；坚持耐用，使用寿命是普通三轮车的两倍"，那么，品牌形象广告的反义词就是务实，直接诉求定位和卖点，品牌形象应该是品牌找到精准定位之后顺带产生的光环效应。品牌形象论主要是被很多国际 4A 广告公司带偏了，中国 80% 的中小企业都是应该先实打实地做精准定位，然后再考虑做品牌形象，品牌形象只是锦上添花。

误区四，品牌延伸到多产品线可快速获得成功

真正打造品牌正确的指导思想应该是对号入座，品牌就是一个核心品类的代表，一个萝卜一个坑。

比如，百度搞了很多品牌延伸，它用百度做了百度外卖、百度影音等无数个延伸品牌，但是很多都失败了；王老吉凉茶成功之后延伸做王老吉

的可乐、固元粥、绿豆汤、八宝粥等多元化品类基本都失败了。

所以，老天是公平的，一个品牌只能与一个核心品类画等号，品牌的力量往往与它代表的品类数量成反比。当然，真理都是相对的，如果所延伸的品类与其核心主品类直接相关也是可以的。比如，海底捞火锅成功了，后来它延伸做海底捞火锅底料也成功了，并成为火锅底料第一，这是它有品类相关性，海底捞如果延伸做海底捞凉茶，您会喝吗？

如果按照这个观点说品牌延伸到多产品线就能快速成功，那海底捞可以等于凉茶，等于可乐等多个品类。同样，可口可乐延伸凉茶能成功吗？可口可乐直接延伸做饮用水能成功吗？但是，可口可乐的纯净水品牌叫冰露，柠檬味儿的汽水取名叫雪碧，橙汁味儿取名叫芬达，这个就是品牌的对号入座，一个萝卜一个坑。

品牌延伸已经过时了，在现阶段竞争越来越激烈，各个品类的专家品牌更容易获得成功，新品类最好是启用新品牌，不然这个世界的商业已经被世界500强全部统治了，我们后进的品牌可能就永远没有出头之日。一个人和一个品牌都拥有时间、空间两大生存条件，要么用时间换空间，要么用空间换时间。不可能既有时间，又有空间，您不可能大而全，什么都有，否则老天就是不公平的。就像姚明打篮球是冠军，如果搞110米跨栏他搞得过刘翔吗？姚明去打羽毛球，打得过林丹吗？所以，世界上不存在全能冠军，这就是事实和规律。

误区五，追随和模仿领导者就可以成功

这个误区同样是打造品牌天大的玩笑，我们讲真正打造强势品牌不是一味模仿领导者，就算模仿最像，也永远只是一个二流选手，跟着干不如对着干，如果您一直跟着干，最终只能为领导者做嫁衣。

比如，宝马曾经三次因为要倒闭主动上门要求奔驰收购它，但是奔驰都严词拒绝了，奔驰的定位是乘坐尊贵，宝马最早开始也是直接模仿奔驰搞乘坐尊贵，后来第三次被拒绝收购之后，它终于在痛定思痛、走投无路的绝境下调整成与奔驰直接搞对立定位，您奔驰是卖后座乘坐尊贵，我就卖前座驾驶乐趣反而大获成功。

同样，百事可乐也曾经三次因为要倒闭主动上门请求可口可乐收购。百事可乐说"你收购我吧，可怜可怜我吧"，但是可口可乐都严词拒绝了，它终于在痛定思痛、走投无路的绝境下调整成与可口可乐直接搞对立定位。您是正宗老一辈的可乐，我是新一代的选择，最终大获成功。所以，齐白石曾说："学我者生，像我者死。"对于后进品牌和挑战者来说，可以学习领导者，但不能完全跟随模仿领导者。

误区六，更好的产品、团队和资本就可赢得竞争

这个误区也是打造品牌一个天大的谎言，如果打造品牌只要有更好的产品、更好的团队、更好的资本能够赢得竞争，那全球商业可能永远是被世界500强等极少数大资本所统治和笼罩，中国的经济和品牌应该就是被四大银行所掌控和垄断。打造品牌的奥秘不是比"更好"，因为"与其更好，不如不同"，成功的关键是要靠建立属于自己独特的"第一"和"唯一"。

比如，恒大冰泉就是信奉"更好的产品、团队和资本就可赢得竞争"，恒大拥有东北长白山最好水源地，并高价把农夫山泉、可口可乐、加多宝等知名饮料企业的各种人才挖过来做恒大冰泉，投资100多亿元高举高打，以为只要比农夫山泉更好就能成功，结果亏损了40亿元而宣告失败。其实恒大冰泉的产品、团队、资本等都非常优秀，广告量也非常大，它几乎把成龙、范冰冰等中国和韩国的所有大牌明星都请遍了，最终还是输得非常惨。

联想手机以前也曾是国产手机领导者，联想集团是中国著名的大财团，但联想手机最终却败得很惨，它做不过小米、华为、vivo、OPPO等后来居上的品牌。所以，古往今来，真理最终总会打败资本，资本最终还是为真理和品牌服务的，包括国内外的知名品牌，靠更好的团队、产品、资本能

取胜的前提是您要有一个更精准的战略定位，您的产品、团队、资本才能锦上添花、如虎添翼而发挥作用。

02 定位运用10大误区

我们定位界有一句话叫作"定位一学就会，一用就错"，那是因为学定位有很多误区，定位表面看似很容易，但是您一不小心就进入了死胡同。您可能不学定位还好，学过之后可能死得更快，核心是因为我们没有把定位的精髓搞明白、搞通透，然后只是"半吊子"，容易陷入另外一个极端和误区。下面我们精心总结了"定位运用10大误区"，供大家参考和使用，您如果不踩这些盲点和大坑，就能少走弯路，就能更加精准高效地打造强势品牌。

误区一，脱离心智谈定位

定位的根本精髓是要夺取消费者的心智资源来取得认知优势，很多人以为定位就是"产品定位、人群定位、市场定位、渠道定位、价格定位"等，还有很多各种各样的定位。定位的核心定义有且只有一个：让品牌在消费者心智当中占据一个有力位置，并成为某个品类或特性的首选。同时能解决消费者的痛点，然后说到做到，成为消费者心智的首选。

比方说，我们去买饮用水，我们的心智中首先想到的可能是农夫山泉，农夫山泉已经牢牢占据心智认知优势，恒大冰泉就是脱离心智谈定位，它很难改变这个心智，恒大冰泉就亏损40亿元。所以，产品定位、价格定位、人群定位、渠道定位、市场定位等传统错误定位最大的弊端就是脱离心智谈定位，偏离了心智这个核心。做好定位的关键是要研究我在消费者心智占据什么认知优势？如何获得消费者心智首选？我占据哪一个心智关键词？比方说，奔驰"尊贵"、宝马"驾驶乐趣"、美团外卖"快"、"爱干净住汉庭""公牛插座安全"等，这就是心智定位。

误区二，忽视品类做定位

我们做定位之前，首先是要研究品类发展趋势和品类战略，所以，里斯公司在传统定位基础上提出"品类战略"把定位理论进一步精准化，进一步发展，这是非常了不起的。比如，方太之前做的定位是"高端厨电专家与领导者"，这个定位是有问题的，因为厨电是个伪品类，我们做定位之前先要界定品类，要界定最有发展潜力的品类机会，并做好品类命名。否则，忽视品类做定位就有可能第一步就做错了，这就是第一纽扣法则。

所以，我们总结的"精准定位 4 大步骤"和"打造第一品牌 18 步"的第一步，首先都是要求把品类研究清楚，要界定出精准的品类，并给品类精准命名。方太后来做了一个方太集成烹饪中心，这又是一个伪品类，这个品类其实就是集成灶，您为什么要自己去自创一个复杂难懂的新品类名呢？还有一个饮料叫情绪饮料，情绪饮料是什么饮料？它这个品类也是界定错误的，是不成立的，也是伪品类。

误区三，忽视竞争做定位

上面讲到打造品牌的一个误区就是"永远满足消费者需求而忽视了竞争"，如果这个行业有强大的对手，您就一定要去研究竞争。当然，如果这个行业没有什么对手，您去忽视竞争是没问题的。所以，在不同的阶段、不同的行业、不同的企业，竞争维度是不一样的，但定位一定是竞争维度。

如果您要做一款可乐，肯定要研究可口可乐和百事可乐；如果您要做一个凉茶，肯定要研究王老吉和加多宝；恒大冰泉忽视了最大对手农夫山泉就注定是要失败的。就像我们走路一样，永远都需要眼观六路，耳听八方。我们研究定位肯定需要多个维度的综合研究，我总结的"精准定位 4 角分析"明确提出做定位必须要从行业品类、消费者心智、竞争格局和自身四个维度来综合研究分析。

误区四，伪心智伪特性伪定位

现在的"伪心智、伪特性、伪定位"太多了。比如，雅迪的定位"更高端的电动车"就是一个伪特性，因为消费者买电动车第一特性是跑得更远，第二是动力强，第三是外观漂亮，高不高端这是一个伪心智。雅迪电动车成功关键在于它早期占据了电动车品类，以前提到电动车您只能想到雅迪、爱玛，而想不到其他的品牌，至于是否高端已经不重要了。当时电动车行业处在"有品类无品牌"的行业发展初期，您只要上央视天天喊"雅迪电动车好，雅迪电动车妙，雅迪电动车呱呱叫"也很容易成功。您把雅迪电动车重复一万遍，消费者就记住了。

在雅迪和爱玛二元强势竞争格局下，2018年我们服务的台铃能够快速逆袭成功的一个核心原因就是抢占了电动车真正的第一特性"跑得更远"，打出"台铃，跑得更远的电动车"，"跑得更远"就是真心智、真特性，更何况骑两轮电动车的基本都是一些中等收入以下的人群。如果要高端的话，他们可能就去买更"高大上"的四个轮的汽车去了，事实上雅迪电动车的"高端"特性也是飘在空中，高端定位很难落地。所以，雅迪上市的市值并不高，它打3亿元的广告费，那可能净利润也只有3亿元，没赚到大钱。它整个企业的利润和市值都相对比较低，因为这个定位特性是有问题的。

我们服务的方太热水器以前也是搞了个伪特性叫"磁化水"，我们调研发现很多消费者，包括我们自己使用热水器洗澡，就是希望这个热水器能恒温和出水快，至于是不是磁化水，消费者是听不懂的，它不是真正的消费者特性，至少不是排在前面的核心特性。所以，方太的磁化水推广了很多年，最终还是没有取得好的销售效果。

误区五，唯心智论而忽视产品和渠道

唯心智论就是从一个极端走向另外一个极端，我们强调心智很重要，

但又经常矫枉过正，从而走向另外一个极端，而忽视了传统的产品、价格、渠道、推广的营销4P。但事实上产品和渠道等传统4P是最基本的大厦根基，特别是定位反复强调"心智认知大于事实"。有很多人过于强调认知大于事实，就忽视了产品质量，不认真做渠道了，这也是很多学定位、做定位的品牌最终失败的重要原因，他学定位可能就是搞了一个定位广告语，但产品质量和渠道却跟不上。

所以，产品、价格、渠道、推广是最基本的传统营销4P，在传统营销4P前面加上定位来指导贯穿就完美了。首先定位要做好，然后您的产品质量不能比别人差，否则就是搬起石头砸自己的脚。广告量越大，可能就死得越快。渠道同样也非常重要，心智是打造品牌的拉力，渠道就是打造品牌的推力，一阴一阳为之道，一推一拉才能形成良性循环。

误区六，陷入教条和主观主义错误

现在市面上很多定位公司做定位一般有4招和4个公式来套着用，第一招是"领导者定位"，第二招是"专家定位"，第三招是"热销定位"，前面的"领导者、专家、热销"这3招都搞完了，就搞个第四招"更高端定位"。比如，"更高端的电动车""更高端的净水器""更高端的花生油"，并且"领导者满天飞""专家满天飞""热销满天飞"，这些恐怕还不是真正的定位精髓。

同时，近20年有很多企业都在学定位、做定位，听各种定位课，结果大都是如此套这4个公式，只得其表，而不得精髓。于是，很多定位专家和咨询公司也陷入了这种教条主义和主观主义错误，甚至我们有些同行做定位有时真的也是害人不浅，经常只是为了赚钱而唯利是图、利令智昏，从而完全失去了本心，失去了道心。

我们为什么会犯这个教条主义和主观主义错误呢？最主要还是因为自己不愿意去辛苦做市场调研。我们最终都应该是用脚步去丈量市场，真理永远在市场一线和现场，而不是靠自己拍脑袋想出来的，我经常跟我的客户说:"我们做定位,并不是徐老师您是权威定位专家说了算,也不是因为您是企业"一把手"老板就说了算,这都是非常容易陷入的教条主义和主观主义错误,最终只有是消费者心智说了算。"

老子《道德经》说:"圣人无常心,以百姓心为心。"我说:"企业家无常心,以消费者心为心。"消费者心智是检验真理的唯一标准。所以,我们企业家,特别是定位专家一定不能犯教条主义和主观主义错误,否则就容易误人子弟和劳民伤财,如此我们这些专家可能也会遭报应的。就像我也时刻警醒自己"一定要小心我们这些所谓的专家最终要堕入第十九层地狱,就是十八层地狱下面的一层",因为"地狱门前僧道多"。自古以来,我们做军师和老师的如果误人子弟,就要去承受业力果报,容易遭报应而不得好死。所以,举头三尺有神明,我们一定要有敬畏之心,时刻敬天道,敬大人,敬圣人之言。

误区七,找到定位就等于拥有定位

这个误区是我们很多企业学定位的另外一种痴心妄想,找到一个精准定位,只是万里长征的第一步。

三分定位,七分落地。您找到一个精准定位之后,就要全力以赴用产品、价格、渠道、推广、广告、公关、管理、企业文化、生产、产业链等企业内外部的所有资源去围绕这个定位做深、做实、做透,才能真正地建立定位,才能真正地转化成成果,才能真正地造福消费者,才能真正地获得消费者的优先选择。我们看到很多品牌定位都飘在空中,最终也是不了了之,不欢而散。就像前几年很多央视标王以为找到一个定位并到央视上喊一下定位口号就能成功,这些都是赌徒思维,把事情想得太简单,不合天道。

误区八,定位就是一句广告语

很多人以为定位就是一句广告语,以为找到一句定位广告语就能成功,这是非常幼稚的。

有一句广告语叫"解油腻,喝九龙斋酸梅汤"。这个定位广告语本身就是有问题的,酸梅汤主要是开胃的,解油腻是有点牵强,虽然在央视打了广告,但缺乏系统定位配称和落地,最终还是以失败告终。贝蒂斯橄榄油在央视上打了"贝蒂斯,西班牙皇室用油"这句广告语很多年,虽然这句定位广告语很好,但是渠道却被金龙鱼的欧丽薇兰橄榄油终端拦截,贝蒂斯因为缺乏系统定位配称落地和强大渠道,最终导致没有长足发展。

叶茂中老师在20年前的产品稀缺年代,创造了很多脍炙人口的成功案例,因为那时全国人民大多都看央视。有一句好的广告语,请一个大明星,再上央视大传播,然后全国大招商就容易取得大成功。但是现在产品严重过剩和同质化,媒体越来越多样化,信息越来越碎片化,传播的效率越来越低,如果还是想靠在央视疯狂打一句广告语而赢得成功是很难的。您的产品、价格、渠道、推广、管理等,包括企业老板的德行是否跟得上,才能真正成功建立定位和打造品牌,否则德不配位,必有祸殃。所以,定位不仅仅是一句广告语,广告语只是定位系统的冰山一角,定位说起来容易做起来难。

误区九,定位就是打"领导者"和"热销"

我们行业很多定位老师都在开定位课程,有时一个比较火的定位培训班可能有100家企业上课,结果3天课程结束后,有80个企业老板出来都是打"领导者和热销定位",结果市面"领导者"和"热销"满天飞,到处都是千篇一律,消费者看多了就早已麻木了。后来就导致很多没有学定位的企业家和营销专家产生错误和片面的误解,以为搞定位就是搞个"领导者"和"热销",这是陷入了另外一个极端。

当然,这个问题主要还是因为我们自己作为定位专家没有正本清源,没有引导好这个行业健康发展。这两年整个定位行业的口碑也有点不太好,主要还是因为出现了不少定位失败案例,而且有太多的定位同行老师和咨询公司有的时候失去了道心，甚至是有点利令智昏，有点犯了教条主义和主观主义错误，没有在定位专业素质能力上不断精益求精。也可能是因为前几年定位咨询行业赚钱太容易了，没有真正做到一如既往地践行和坚持"全心全意为客户服务"这个宗旨，在此我也深表遗憾和愧疚，如此，就倒逼我自己更要不断敬业修德，不断精进，无愧我心。

误区十，定位在互联网时代过时了

现在很多人都说定位已经过时了，特别是这几年，我们"雷布斯"的小米获得了巨大的成功，他成为叱咤风云的知名企业家，很多互联网营销专家都在批判"定位理论在互联网时代过了，定位OUT了"，这些互联网营销专家如此批判定位可能有两个初衷：第一，是为了忽悠您的钱，因为他只有说传统的不好，才能更好收到钱，这就是我们常见的营销说服套路；第二，就是他对定位完全没有认真研究和学习，还是个"半吊子"，当然有可能这两种情况都有。

我想重申的是：定位理论在互联网时代不仅不过时，还会大放光彩，因为定位是为了夺取消费者心智认知，就像"怕上火，喝王老吉""爱干净，住汉庭""公牛安全插座""美团外卖，送啥都快"等成功定位品牌在互联网时代的传播更快了。所以，在互联网时代，您把定位做精准之后，通过互联网渠道的传播会更高效。原来是"好事不出门，坏事传千里"，但是在互联网时代，好事和坏事传播得都非常快。

雷军提出的"互联网思维七字"诀叫作："专注、极致、口碑、快"，我想请问我们的定位理论讲不讲专注？一定讲专注聚焦和极致，我们讲不讲口碑？显然非常讲口碑评价。定位非常重视根据消费者口碑认知而随之调整产品，定位讲到一定要关心品牌跟消费者心智之间的关系，企业家的身份就是成为内外部牵引的连接者。然后，互联网思维讲"快"，难道我们传统思维不讲"快"吗？难道我们的定位理论不讲快吗？我们金庸武侠小说讲到"天下武功，唯快不破"，古今中外所有的战争和商战都讲"快"，兵贵神速是永远不变的真理。所以，雷军这个"互联网思维七字诀"还是一个绝对的传统思维，并没有什么创新。而且我认为互联网在本质上还只是一个工具，人类有史以来，虽然人的服装和发型在不断发生改变，但是人一脱光衣物，我们的身体结构和大脑思维原理根本就没有变，而定位的缘起就是基于人类千年不变的人性和大脑思维原理。

定位的本质是完全顺应人性和夺取消费者的心智痛点，比方说，汉庭酒店研究消费者痛点是"住酒店怕不干净"，提出"爱干净，住汉庭"，于是抓住这个痛点并说到做到，我的毛巾、马桶、床单等都做得更干净，这个心智定位是完全基于千年不变的消费者人性，在古今中外都适合，难道在互联网时代我们住酒店不爱干净吗？这个跟是否是互联网时代又有什么关系呢？所以，好的定位在互联网时代更能如虎添翼，定位理论虽然已经诞生50多年，但定位理论的底层逻辑和基本原理完全可以经受得起时空的重重考验，我们一起继续再看50年吧。

不管是我们正在学定位和做定位的企业家，还是这些做定位的市场营销人士，抑或是做抖音短视频的所有网红主播等，在学定位、做定位以及品牌打造过程当中，您是否有遇到过"定位运用10大误区"？在这里我力求正本清源的总结梳理，希望对您有真正的启发和帮助，这也是我最大的荣幸和价值所在。

03 定位的精髓和本质

定位定天下，不管做任何事都需要定位，定位是第一粒纽扣。

定位决定成败，定位决定战术。定位定对了是您赚多赚少的问题；定位定错了是您赔多赔少的问题。

我专注做定位咨询近20年，也服务了150多家企业的营销和定位咨询。我把西方的定位理论与中国的传统的"宇宙天道"和"易儒释道法兵医史"智慧精髓结合在一起，来总结提炼出更适合我们中国人的"第一特性定位"和"天道战略理论"思维体系，从而更好地帮助我们中国企业打造民族品牌。

大到一个国家和城市，中到一个企业和品牌，小到任何一个生命个体，都需要精准定位。苏格拉底提出了著名的哲学三段论，定位也可如是说明"我是谁，我来自哪里，我将去向何处"这个终极哲学问题。

比如企业品牌定位，王老吉的定位是预防上火的饮料，广告语是："怕上火，喝王老吉。"

一个国家的定位，比如，美国是做高科技的，心智资源定位是电脑、飞机、高科技、美国大片、金融投资等；瑞士的钟表和银行全球闻名；法国是香水和葡萄酒；德国是汽车、工程设备和高端制造。那么，我们中国人的心智资源定位就是中餐、中国武术和中国文化等。

个人品牌定位，比如，我们看到的超级英雄人物，像古代的刘邦、项羽等各有自己的独特定位；诸葛亮、刘备、曹操、孙权等每个人定位也不一样。而我们现代的著名企业家，比如，俞敏洪和董宇辉是做教育和直播带货的顶流；冯仑是地产界的思想教父；江南春是中国广告传媒教父；王石是著名的登山企业家，喜欢登珠穆朗玛峰，也是中国企业界一个特立独行的思想家；董明珠人称"铁娘子"，是个网红女企业家；等等。

定位理论由美国的特劳特和里斯两位营销战略大师创立，被评为"有史以来对美国营销影响最大的观念"。在国际上，定位理论打造了一大批著名品牌，美国 75% 以上的财富 500 强都是定位理论的客户，比如，IBM、西南航空、苹果、宝洁、施乐、微软、雀巢、英特尔等都是定位客户案例。

在中国，定位理论最出名的案例是王老吉和加多宝。王老吉在 2002 年时定位成预防上火的饮料，广告语是："怕上火，喝王老吉。"销售额从 2 亿元发展到 200 亿元，曾被评为"中国民族品牌第一商标"，市值 1080 亿元。到 2012 年，加多宝公司与广药集团因为王老吉商标之争和打官司失

精准定位

败,加多宝公司痛失王老吉商标,被迫启动加多宝商标,从零开始,特劳特公司又帮助加多宝公司力挽狂澜,帮助加多宝凉茶定位成"改了名的凉茶领导者"。定位品牌故事是:"怕上火,现在喝加多宝,全国销量领先的红罐凉茶,现在改名加多宝,还是原来的配方,还是熟悉的味道,怕上火,喝加多宝!"加多宝凉茶又打出"全国销量领先""配方正宗""凉茶领导者"等,加多宝凉茶也是通过重新定位,2年时间又马上从0做到200多亿元,这是中国最出名的定位案例。

还有东阿阿胶、长城哈弗SUV汽车、劲霸男装、唯品会、公牛安全插座、香飘飘奶茶、方太厨电、老板大吸力油烟机等,国内的案例是非常多的。目前我们所看到的央视一套的大部分品牌和广告,60%以上央视VIP客户都是在用定位,他们要么是我们定位咨询界的客户,要么就是在自己学定位。

定位的精髓核心是什么?我们来看一下成功的品牌有什么共同的特性?

比如,我们想到可口可乐,它是正宗可乐;苹果手机,它就是高端智能手机的开创者;长城哈弗,它是经济型SUV领导者;格力空调=高端空调专家与领导者;劲霸男装=夹克专家与领导者;六个核桃=健脑核桃乳领导者;蓝月亮=中国洗衣液领导品牌;东阿阿胶=滋补国宝;农夫山泉=天然健康饮用水;高露洁=防蛀牙膏;鲁花=更香花生油;公牛=安全插座;老板=大吸力油烟机;等等。

定位的终极目标是让品牌成为某种品类的代表,成为品类代表的最佳途径是在消费者心中占据一个有价值的第一特性关键词。比如,奔驰的特性是尊贵,宝马是驾驶乐趣,沃尔沃是安全,海飞丝是去头屑,高露洁是防蛀,王老吉是下火,六个核桃是健脑,农夫山泉是天然,劲酒是保健,云南白药是止血,东阿阿胶是滋补国宝,真功夫快餐是蒸营养,公牛插座是安全,南孚电池耐用,老板油烟机大吸力,鲁花花生油香,唯品会特卖,等等。

同样，任何品牌，任何个人，都需要有一个清晰的品类。第一，我是干什么的；第二，我有什么心智特性和明确的差异化点。所以，我就总结出了"精准定位9字诀"：占品类、抢特性、争第一。

比如，我们九德定位服务的客户南孚，我们就帮助南孚提炼了定位，南孚＝最耐用的家用电池，并提炼了定位广告语："电池要耐用，当然用南孚"，非常高效和清晰，协助南孚电池进一步巩固家用电池领导地位。然后，我们协助南孚成功打造了第二品牌，开创了丰蓝1号燃气灶电池新品类，那么丰蓝1号就等于燃气灶电池，特性就是高温下更耐用，因为消费者心智认为：燃气灶里面的1号电池需要耐高温，第一大心智需求就是高温下更耐用，所以，我们做的广告语就是："燃气灶电池，用丰蓝1号，高温下更耐用！"

我们服务金牌厨柜，金牌等于厨柜，它是更专业的高端厨柜，特性就是更专业和环保。因为厨柜行业的品类发展阶段和竞争格局不一样，中国做厨柜的企业绝大多数都不专业，几乎所有厨柜企业都在大搞"全屋定制"，欧派、我乐、博洛尼、尚品、索菲亚等纷纷做"全屋定制"，消费者买厨柜也无从选择，厨柜行业的第一品牌是欧派厨柜，销售额接近100亿元，欧派主要是大而全，什么都做，欧派除了做厨柜，还做衣柜、木门、壁纸、家具和厨电等都做，叫作"高端全屋定制"，而消费者心智中恰恰非常需要购买专业厨柜，所以，金牌厨柜的定位确定成：更专业的高端厨柜。但你专业在哪里？专业这个词比较泛化，我们就继续帮金牌厨柜提出：9大专业优势，并重新定义中国专业厨柜标准。我们给金牌厨柜做的定位品牌故事是："金牌厨柜，18年专注厨柜；重新定义中国专业厨柜标准，拥有9大专业优势，10年品质保证；金牌厨柜连续4年蝉连'中国房地产500强首选厨柜品牌'，中国、美国、迪拜……更多家庭在用金牌厨柜；金牌厨柜，更专业的高端厨柜！"这样，我们助力金牌厨柜打造成中国专业厨柜第一品牌！2017年5月12日，金牌厨柜在上海交易所A股主板成功上市。

我们协助金彭打造全球电动三轮车第一品牌，金彭三轮车年销售90亿

精准定位

元左右。金彭等于三轮车，是电动三轮车领导品牌，它的特性就是结实耐用。我们给金彭三轮车做的广告语是"金彭——全球电动三轮车领导者，结实耐用，使用寿命是普通三轮车的两倍"。我们助力金彭三轮车成功打造成全球电动三轮车的领导者，现在随着国家的"一带一路"倡议，正快速走向全世界。那金彭为什么抢占这个特性呢？因为金彭三轮车的客户主要是农民，农民买电动三轮车，最大的心智需求点就是：结实耐用，多用几年，所以我们就快速抢占第一大心智特性：结实耐用。

我在前几年服务过蓝月亮洗衣液，蓝月亮首先等于洗衣液，等于洗衣液领导品牌。然后它有什么特性？就是洁净更保护，所以我提出蓝月亮的定位是"蓝月亮——中国洗衣液领导品牌，洁净更保护"。我当时帮蓝月亮做的定位品牌故事就是："蓝月亮洗衣液，连续3年全国销量领先，一年销售X亿瓶，瓶子连起来可以绕月亮X圈，蓝月亮洗衣液，洁净更保护；蓝月亮——中国洗衣液领导品牌。"

我曾经协助九三大豆油打造成中国大豆油专家与领导者，我给九三的定位广告语是："好豆油，选九三，非转基因更安全！"。因为大豆油，消费者心智不知道哪个是大豆油专家品牌？金龙鱼等于大豆调和油，并且都是转基因，因为现在越来越多人不敢吃转基因大豆了，吃转基因不生孩子。所以，我就提出九三首先占据大豆油专家品类，并抢占"非转基因更安全"的心智特性，诉求我们九三大豆油是东北原生态的大豆油，非转基因更安全。

我们研究定位，就一定要研究顾客的心智，研究顾客如何思考？如何选择产品？如何购买产品？我们来看一看，消费者如何逛超市买东西？顾客的选择决定企业的生死存亡。

我们每个人都会有逛超市的经历，在超市里，每个类别的产品都面临选择的暴力。比如，我们去选择饮用水，那么饮用水有农夫山泉、怡宝、康师傅、娃哈哈，还有可口可乐的冰露、雀巢、恒大冰泉、昆仑山、西藏冰川5100等，可能有几十种饮用水品牌，我们该如何选择？那么这个选择就决定企业的生死存亡,有选择就有定位,那么我们从最浅层次说,所谓定位就是你要给消费者一个非买不可的购买理由,我为什么选择你而不选择其他品牌的购买理由。

我们为什么要选农夫山泉?因为农夫山泉说:我是天然健康水,我只做大自然的搬运工。它就给了一个非常清晰的购买理由和定位。然后,比如说我们去购买凉茶,凉茶有很多品牌,有王老吉、加多宝、和其正,原来有邓老凉茶、徐其修、霸王凉茶、顺牌凉茶等,其实在几年前,凉茶至少有1000多个品牌,包括可口可乐也做过凉茶,那么王老吉提出"怕上火,喝王老吉",就给出了一个非常明确的购买理由,这就是定位。

定位玩的就是心智认知游戏,品牌的背后没有真相,只有消费者认知。那么认知对营销有什么影响?1997年,英国王室玫瑰——戴安娜王妃,她坐奔驰车出车祸死了,全球哗然、哀叹感伤。沃尔沃汽车马上借机展开公关,它就说:"你购买汽车,安全性是购买汽车的最重要的考虑因素,沃尔沃汽车就是世界上最安全的汽车,你要买安全的汽车就去买沃尔沃。"沃尔沃自然成为安全汽车的首选品牌,沃尔沃在美国销量曾一度超越奔驰和宝马,但实际上,美国的保险公司,包括很多相关部门做过科学论证和研究,在汽车的安全系数里面,事实上沃尔沃汽车从来都没有排到前三名,都是排到第四名开外,最安全汽车的综合系数得分还是奔驰、宝马这些最主流品牌排在最前面,沃尔沃虽然在消费者心智中认为它是最安全汽车,但它事实上不一定是最安全汽车。所以,我们的消费观念是认知大于事实。

再比方说,王老吉真的能够预防上火吗?公牛插座真的是最安全插座吗?老板油烟机的吸力是最大的吗?海飞丝真的最能去头屑吗?格力空调真的是最好的空调吗?达芬奇家具真是意大利家具吗?蒙牛的牛奶是真的都来自北纬45度的内蒙古大草原吗?等等,我们讲事实不重要,最重要的是认知,认识大于事实,品牌的背后没有真相,只有消费者认知。

营销界有句经典名言说:"假话说一千遍就是真理。"我认为这句话道出做品牌营销的一个本质,"假话说一千遍就是真理",它的言外之意就是:

精准定位

"真理如果只说一遍,那么它可能也是假话",所以营销就是要不断重复,世间所有一切大法的法门都是要无限重复。所以,我们看到所有的成功品牌,都是不停地重复,重复到您讨厌和呕吐为止,重复到植入您的心智,重复到您深信不疑为止,品牌定位就是一个重复心智的艺术,重复是一个品牌进入心智和打造品牌的核心手段。

比如,"今年过节不收礼,收礼只收脑白金""怕上火,喝王老吉"等,它重复多了就能进入心智。"老板大吸力,老板大吸力"重复多了就成为吸力最大的油烟机。再如,沃尔沃汽车总是在重复"安全、安全、安全",它就真能成为消费者心智认为最安全的汽车。当然,在这里,我们不要矫枉过正,我并不是说事实并不重要,只是负责任地给大家揭示出了打造品牌的真相,也是宇宙万事万物运行的真相,王阳明心学说"心外无物,宇宙即我心,我心即宇宙"。

所以,我不断重申认知比事实更重要,当然,我们最好是能够名副其实、知行合一,既要认知又要事实,但打造品牌的真相都是在操纵心智认知。定位就是在顾客的心智中针对竞争对手的位置,确立自己最有利的位置,从而让品牌成为顾客的优先选择。

比如,王老吉在顾客的心智中等于预防上火的饮料,想到怕上火就想到喝王老吉,它最大的竞争对手是可口可乐。在那时候人们最喜欢的饮料是可口可乐,可口可乐是提神醒脑、兴奋激情的,那么我跟它的区别就是:我能下火,中国人吃辣的、吃火锅,熬夜容易上火,就非常需要下火。这样,在消费者心智中,可口可乐=提神醒脑饮料,王老吉=下火饮料,消费者要提神就喝可口可乐,要下火就喝王老吉,这就是王老吉差异化的定位和位置。

最后,关于定位的精髓和本质,我给大家做个简单的小结,总结10句话。

1. 定位的最浅层次理解是给顾客一个非买不可的购买理由。
2. 消费者以需求为动念,用品类来思考,用品牌来表达。

3. 定位是外部导向，不是我想成为什么，而是竞争对手和消费者允许我成为什么。

4. 营销的终极战场在心智，认知大于事实；自古以来成功的关键都是夺取心智资源，得人心者得天下。

5. 定位是"一个中心"和"两个基本点"，定位是以占领心智资源为核心，以竞争为导向，以认知为基础。

6. 定位就是要比对手更快、更准、更好地抓住消费者原有的心智空当。

7. 竞争的基本单位是代表品类的品牌，品牌就是消费者心智中某个品类的代名词或通称。比如，王老吉代表凉茶，姚明代表篮球，刘翔代表110米跨栏，他们都是代表一个品类，成为某个品类的专家与权威，并且占领认知。

8. 定位的作用是解决竞争并成就王道，定位的核心是得人心，得人心的核心是得天道；要得天下必先顺天上，要得人心必先应天心。所以，在中国古代，姜子牙、张良、诸葛亮等军师老前辈都是做定位的，我经常跟客户讲：我立志要奉行天道，要做帝王师，只辅佐王者，辅佐有基因的王者成为行业第一，成就王者。

9. 定位战略的核心就是在顾客的心智中开创并主导一个品类，定位的终极目标是让品牌成为某种品类或某种品类特性的代表，成为品类代表的最佳途径是在心智中占据一个有价值的关键词。

10. 定位就是要创建属于自己的第一，要么第一，要么唯一，唯一也是第一。

比如，我们经常说的"珠穆朗玛峰效应"就是第一效应，人们只记得第一，只喜欢第一，请问世界上最高峰是什么？应该所有人都知道是珠穆朗玛峰，那么世界第二高峰是什么峰呢？那可能90%以上人都不知道，除非去百度一下。您一定要成为这个行业或品类的第一，如果您不能成为第一，就要创造第一，或者做唯一。比方说王石，他不是第一个登上珠穆朗玛峰的人，那么他就重新做一个第一，他是第一个登上珠穆朗玛峰的中国企业家，他同样开创了一个新的第一，这个世界上只需要第一，我们讲只有独一无二才有价值。再比方说，110米跨栏的世界冠军是谁？是刘翔，那么110米跨栏的第二名是谁呢？大部分人都不知道他叫史冬鹏，他是"千年老二"，可能史冬鹏跟刘翔的成绩就差零点几秒，但是他们的人生成功与对世界的价值、荣耀和影响力，那是千差万别，一个天上，一个地下。同样，打羽毛球的世界第一是林丹，那第二是谁呢？他叫李宗伟，他们的比赛成绩可能只差一点点，但个人成就、财富、地位和名利等所有一切，那也是千差万别。所以，定位就是努力要成为第一，要么第一，要么唯一，您就是成就王道了。

理解定位的关键词：认知、心智、竞争、品类、聚焦、简单、常识、第一、人心、王道、天道。

人民创造历史，英雄推动历史，英雄能推动历史的根本原因就是英雄夺取了当时的心智资源，叫作得心智者得天下，得人心者得天下，比如孙中山提出的"天下为公"。不管是任何组织和任何品牌的成功都要去"夺取心智资源"，定位的精髓和本质就是要夺取心智资源！

04 定位与中国传统文化精髓

定位理论来自美国，属于外来的"洋理论"，之前我也跟大家讲了很多定位的专业术语，大家不一定能够马上理解清楚。我自己从小就对中国传统文化很有感觉，喜欢研究学习"易儒释道法兵医史"智慧精髓，我今天就带着大家，用我们中国的传统文化和中国化的语言来连接和解析一下定位理论。

定位这个词汇，其实我们并不陌生，这个词在中国古语里是多次出现的，汉语里"定位"这个词的最普遍的解释含义是"确定方位，确定事物的名位"，就像孔子讲的"名正言顺"，比如战国末期的法家思想创始人韩非子在《韩非子·扬权》里写道："审名以定位，明分以辩类。"这里面的"定位"就是指：确定事物的名位，这与我讲的定位的定义："定位就是在顾客的心智中针对竞争对手的位置，确立自己最有利的位置，从而让品牌成为顾客的优先选择"是基本上一致的，只是我们现在更强调定位是在"消费者心智中"确定方位。

我们中国传统文化的总源头《易经》是百经之首、万经之源，《易经易传》里面有句话："天尊地卑，乾坤定矣；卑高以陈，贵贱位矣。"我认为这里面讲的就是定位的雏形思想。周易先天八卦"乾坤坎离巽震艮兑"，对应"天地水火风雷山泽"，八个方位每个方位都代表不同的定位和含义，包括我们所知道的易经"风水罗盘"仪器是用来"探测气场，确定方位"，所以定位也是打通宇宙风水，打通心智风水。然后《易经》讲："天地人通者王，不通则亡。"就是讲要成就王道必须打通天地人三才，打通天道、地道、人道，或者叫天时、地利、人和，人道就是人和人心，就是我讲到定位的根本核心就是要夺取的人民的心智资源。

圣人说："勤修戒定慧，熄灭贪嗔痴。"就是教育我们做任何事要"戒定慧"，戒才能生定，定才能生慧，有智慧您就能成功打造品牌了，熄灭贪嗔痴，就是您要聚焦，不能贪心，不能贪多求全，您要聚焦成为某一个品类的专家和权威，做任何一件事情要就是打造1米宽、1万米深的事情。比如，格力空调全力聚焦成为空调专家与领导者，把空调一个品类做到全世界，成为一个令中国人骄傲的世界民族品牌，成为中国家电销售额和利润双冠王，格力最高峰期一年赚的净利润差不多相当于中国其他所有家电企业的总和。

我们很多企业、很多人经常到处挖井，根本定不下来，他们不懂定位，不懂专注聚焦，最终什么都做，什么都做不好，就比较平庸。我自己也有很多朋友，他们1年换了好几个行业和工作，今天做这个，明天换那个，挖100个井也没有挖到1个，没有坚持把井挖出水来。所以，一个企业、

精准定位

一个人都一样,您必须找到一个您的天才领域,然后把它发挥到极致,直至做到行业第一。

比方说,王老吉聚焦做凉茶,把凉茶做到全世界第一,万科地产聚焦做住宅地产,把住宅地产做到全世界第一。再比方说,姚明专注打篮球,他没有去踢足球,没有去跨栏,没有去长跑,这叫戒定慧。同样,刘翔、林丹、孙杨,还很多很多世界冠军明星都是一样,叫"一招鲜,吃遍天"。专注聚焦到一个天才领域并且做到世界第一,那您就成功了。

孔子有句名言:"逐二兔,不得其一。"什么意思呢?就是您同时抓两只兔子,就一只都抓不到。也就是我们做任何事情都要专注聚焦、专心专意,先抓好一只兔子。我们很多企业都是这样,每天都在同时抓很多兔子,经常同时做两个产品,做三个产品,甚至做十几个产品。

比如,我经常跟很多媒体记者打交道,我是全国 100 多家权威新闻媒体常年的特邀战略定位评论专家,我也发表了 200 多万字的关于中国品牌打造方面的观点和文章。我经常跟媒体记者讲做战略定位要聚焦,但是他们听不懂,我就解释说:比如说您是做记者的,如果您现在做记者,同时做演员,您能够做好记者吗?您要做记者采访、写文章,然后同时要去演电影、演电视,可能两只兔子都抓不好,您还不如把记者做到极致,做到全国第一,或者是做演员像刘德华、李冰冰、一样,做到全国第一,您要在您的领域做到极致。

同样,老子《道德经》里有很多话都讲的是定位原理,其中有句最相似的名言叫"少则得,多则惑"(《道德经第 22 章》),意思就是您专注追求做好一件事情更容易成功,同时追求很多事情,反而迷惑,反而眼花缭乱,结果一件事情都做不好。中国讲太极阴阳之道,多就是少,少就是多。我举个例子,小米最早是做小米手机,并把手机做到中国第一,后来又大肆多元化和品牌延伸,有小米电视、小米盒子、小米电池、小米插座和净化器,包括小米平衡车几百个产品等,结果小米手机很快被后来者华为和 OPPO 给超越了。

《孙子兵法》最崇尚"上兵伐谋和不战而屈人之兵",我们也可以理解为:最高明的兵法是一定要夺取消费者的心智,不战而屈人之兵,就是要打心理战,先胜而后求战。《孙子兵法》里面讲到兵者五事"道天地将法",将者五事"智信仁勇严",这个"道"就是人心,我们做品牌商战一定要抓取人心,得人心者得天下,不断做到"全心全意为人民服务"和"人民万岁"。

　　所以,定位理论不是特劳特和里斯发明的,而是他们发现的,它是与生俱来的,是客观存在的,这就是打造成功品牌的一般规律,也是万事万物运行的规律和自然之道,道法自然,从中国的"易儒释道法兵医史"各门各家都能找到相应的经典注解和答案。

05 心智如何产生神奇作用?

　　心智如何产生神奇作用?如何撬动消费者的心智力量?如何通过撬动消费者的心智力量来打造伟大品牌?

　　我们在建筑工地看到一个广告牌说:"亲爱的工友们,在外打工,注意安全,一旦发生事故,别人睡你媳妇,打你孩子,还花你的抚恤金!"您看这句话说得多么揪心,多么让人痛心疾首、撕心裂肺,那这句话如果还只是说:"打工朋友们,请注意安全!"它就非常平实,就没这么有杀伤力了,就不能很好撬动心智。如此,很多农民工朋友,他可能就更加注重这个安全问题,因为在工地安全事故率特别高,那么这样一句话一下子打入消费者心智模式。就是说我们要讲最有杀伤力、最核心、最有力量的话,也就是我们定位讲的要夺取消费者心智资源。

　　全球最顶尖定位案例可能是可口可乐,可口可乐如何通过定位让心智产生神奇作用?使可口可乐长期稳居世界第一品牌商标宝座,原来它只是

精准定位

一个在药房里卖的治疗神经性头痛的药水，它重新定位成"提神醒脑的即饮饮料"，就是说喝这个可乐可以提神，可以激情兴奋。那么这个饮料就赢得了全球很多年轻人的选择，快速成功地打入消费者心智。

王老吉的定位案例跟可口可乐很相似，王老吉凉茶本来只是一个在凉茶铺里卖的可以清热解毒的中草药凉茶，原来很多消费者觉得这个是隔夜茶，或者就是卖中药药剂的，重新定位成"预防上火的即饮饮料"，广告语是"怕上火，喝王老吉"。因为上火的概念，中国几千年来古已有之，我们都经常说："您上火了，最近上火了，我们吃热辣的火锅烧烤或川湘菜，就是最怕上火，熬夜了爱上火。"王老吉原来说"要下火，喝王老吉"，但是这句广告法不允许，因为它不是能直接治疗下火，它不是治病的药，它是预防上火的，预防上火比治疗上火的消费力量强大一万倍，所以就最终改成："怕上火，喝王老吉"，这就是非常巧妙的心智转换，撬动这个消费者心智资源，最终王老吉超越可口可乐，成为中国饮料第一罐，被评为中国第一商标品牌，王老吉和加多宝两个凉茶品牌加在一起高峰期一年销售额高达400亿元。

六个核桃高峰期一年卖到150亿元，被称为第二个王老吉奇迹，它的定位是健脑饮料，广告语是"经常用脑，多喝六个核桃"。我们说核桃似人脑，我们吃核桃能健脑，所以多喝六个核桃，它也是说除了有营养，作为饮品还能够健脑补脑。因为它最核心消费者是学生，那么学生非常需要健脑，也是抢占健脑心智资源。

再讲公牛插座定位案例，在20多年前插座领域是没有品牌的，插座主要有国外的飞利浦，还有国产的TC、长虹、美的、海尔等家电巨头，还有很多的电器企业都在做插座。但是没有一个插座品牌能提出一个非常明确的差异化和能够满足消费者痛点的定位。如是，公牛第一个提出公牛是最安全的插座，广告语是"公牛安全插座，保护电器保护人"，后来请甄子丹做品牌代言。我们用插座是不是会担心起火、漏电？或者把我们的电脑、电视机烧坏了？所以，公牛安全插座这个定位一下子撬动消费者的最大担心和痛点，公牛成为插座专家和领导者，成为卖得最贵的高端插座。比如三排插口的普通插座，小米插座卖9.9元，公牛插座可以卖到30多、40多元，公牛很多插座可卖到100多元。其实，插座在物理层面的安全系数可能差不多，但它首先从根本上赢得了"更安全"的心智层面的认知优势，消费者总会认为用这个公牛插座更安全。

06 简析中国企业该如何定战略
——以霸王凉茶惨败为例

孙子兵法曰："兵者，国之大事，死生之地，存亡之道，不可不察也。"就是强调战争的战略意义和重要性。战争年代国与国之间的竞争靠军队，和平年代国与国之间的竞争靠商队，商队的竞争就是商战，商战背后的核心就是品牌战略。

商战和战争一样残酷，杀敌一千，自损八百，一将功成万古枯，在全球化的市场，品牌商战越来越激烈，品牌的呼吸越来越困难。因为市场是零和游戏，市场份额此消彼长，一个品牌的成功往往是建立在多个品牌失败的基础之上的。

霸王洗发水的成功首先也是源于商战，霸王并不是中药洗发水的开创者。最早做中药洗发水的主要有重庆奥妮和广西索芙特，奥妮主要是定位黑发，索芙特是防脱。霸王超越众多对手而后来居上，在宝洁和联合立华两大国外日化巨头所没有的心智空当中崛起，硬是在宝联的夹缝中杀出一条血路，并一度抢占了宝联洗发水的部分市场份额，成为国人尊敬的民族英雄。

但好景不长，2009年霸王上市前后，为了企业销售总量的最大化，围绕所谓的"中药世家"概念大肆扩张，推出"追风"中药去屑、"本草堂"

中药护肤品牌，接着"霸王牙膏"诞生，老品牌"丽涛"重启。如此，霸王的品牌扩张就一发不可收拾，然后才有了"霸王凉茶"等战略失误。至此，霸王集团已经进入了男士洗护、中药去屑、中草药护肤、个人护理、凉茶饮料、柔顺洗发水等多个品类，一个营业额只有10多亿元规模的企业同时启动4个品牌，进入至少5个品类，既分散企业资源和管理层注意力，又使自己面临多个行业巨头的竞争和打击，更重要的是使霸王品牌变得模糊不清，消费者感到无所是从。

从霸王品牌的扩张之路最终可以得出结论：霸王作为典型的民族企业，它的战略能力和商战能力是非常缺失和不成熟的，明显好大喜功、贪多求大、自以为是，如此才会从根本上导致霸王凉茶战略失误和公司亏损危机。

孙子说："先胜而后求战，庙算多者胜多，庙算少者胜少。"国际品牌相对而言要比中国品牌更懂战略，我们难以想象宝洁和可口可乐在中国的战略就是：先连续亏损8年把您挤倒，然后再赚钱，中国企业做不到。那我们民族品牌该如何生存和发展呢？"不争不足以立身"，无数经验教训告诉我们：我们必须学会竞争，我们必须懂战略、懂商战。那么，到底如何竞争？如何战略？如何商战？以下我根据霸王营销战略的启示和研究东西方营销战略的体会和大家简单谈一下，供大家参考。

1. 海纳百川中西方营销战略精髓

俗话说"学贯中西可成经国之才"，日本和韩国在当代经济的崛起就得益于它非常善于兼收并蓄东西方智慧精髓。中国人有对待东西方文化的三个极端，一是崇洋媚外、盲目主张全盘西化；二是只认本土、完全排斥西方；三是对本土和西方都不知不觉、都不认真学习，不学无术。我们既反对全盘西化，又反对全盘中化，更反对东西方都不知不觉。不管是中国的还是西方的，都有精华，都有糟粕，我们应该海纳百川、兼收并蓄、博采众长，认真取其精华、去其糟粕，为我所用，最高境界就是达到"一切为我所用，所用为众生"。对于中国传统的"易儒释道法兵医史"战略精髓，必须认真研究。至于西方先进营销战略精髓，我们必须研究学习定位理论，定位理论被美国营销学会评选为"有史以来对美国营销影响最大的观念"。当然，我们推崇心智定位理论在目前营销上的战略意义，同时也反对过分强调"心智"作用；我们既反对中国传统营销派的"唯渠道论"，也反对定位教条派把心智神化的"唯心智论"。一句话，还是兼收并蓄，辩证性地学习，汲取精华，一切为我所用。

2. 竞争的战场在外部，在竞争对手，在顾客心智

战略大师波特说："战略就是形成一套独具的运营活动，去创建一个价值独特的定位。"特劳特说："战略的核心就是定位。"他们强调企业营销战略的核心不在企业内部，而在竞争对手和顾客心智。竞争机会来源于消费者心智的空当。很多时候，不是我想做什么，而是竞争对手允许我做什么，消费者允许我做什么。所以，我们必须综合行业品类、竞争格局、消费者心智和企业自身四个维度来洞察战略，要根据外部竞争的定位来制定企业内部的运营配称，而不是像霸王一样由内而外。霸王的"中药世家"和"霸王凉茶"就是由内而外的自以为是，违背消费者心智，违背战略定位原则，所以就没有成功的机会。

3. 警惕传统广告创意派的危害

叶茂中是中国传统广告创意派的营销鬼才，也是我们业内人士非常尊重的前辈大师，我们把他的广告营销策略总结为"叶茂中广告＝一个大创意＋一句广告语＋一个大明星＋央视大投放"，这是老叶的成功之道。而霸王也是靠中国传统广告营销手段——"超级明星＋广告轰炸＋人海战术"而取得阶段性成功，但是这种广告策略现在看来恐怕也有很大危害。

还有很多日化企业、服装企业、酒企等这么多年来，都非常喜欢搞"大创意、大明星、大投放"传统广告创意模式，他们盲目重创意、重明星、重广告，而轻战略、轻定位、轻策略。这种广告策略在竞争不激烈的环境下可以得到较好的效果，但是随着市场越来越激烈，这种方式就不那么奏效了，反而运用过度，会有很大危害，甚至为企业带来灭顶灾难。当年中央电视台那么多标王很多也已经灰飞烟灭了，叶茂中的不少失败案例

也可以适当说明。

我们认为：先有战略，后有创意；先有策略，后有广告；先有定位，后有广告。定位是传统营销4P前最核心、最重要的一个P，定位是战略，4P是战术，战略决定战术，我们说："一千次战术的成功都抵不上一次战略的失误。"所以，我认为：定位权重占70%，传统4P占30%。创意的成功一定是建立在战略和策略成功基础之上。我们反对把创意的作用夸大，先有战略才有创意，我们主张电视广告就是一句话、一个核心画面、一个核心记忆点，简单重复地把产品定位和卖点说清楚，15秒打天下。比如，王老吉20多年就是在喊"怕上火，喝王老吉"这一句话，并且基本都不请什么超级明星做代言都如此成功，而霸王凉茶请甄子丹也没有用，原因是战略决定成败。我们不可不察也！

07 中国企业要警惕品牌延伸的危害

——以霸王凉茶惨败为例

霸王集团终于不得不宣布：霸王凉茶在长期亏损的压力下正准备关停和出售，这是在几年前霸王凉茶一上市，我们早已预料之事。

霸王的成功得益于在消费者心智中占领了"中药防脱"的心智地位。当然，霸王并不是中药洗发水的开创者，最早做中药洗发水的主要有重庆奥妮和广西索芙特，霸王后来居上，超越众多对手，在宝联两大国外日化巨头所没有的心智空挡中崛起，硬是在宝联的夹缝中杀出一条血路，成为国人尊敬的民族英雄。

但好景不长，2009年霸王上市前后，围绕所谓的"中药世家"概念大肆扩张，推出"追风"中药去屑、"本草堂"中药护肤品牌，接着"霸王牙膏"诞生，老品牌"丽涛"重启。如此，霸王的品牌扩张就一发不可收拾，然后才有了"霸王凉茶"等战略失误。至此，霸王集团已经进入了男士洗护、中药去屑、中草药护肤、个人护理、凉茶饮料、柔顺洗发水等多个品类，一个营业额只有10多亿元规模的中小企业同时启动4个品牌，进入至少5个品类，既分散企业资源和管理层注意力，又使自己面临多个行业巨头的竞争和打击，更重要的是使霸王品牌变得模糊不清。

从霸王品牌扩张之路，最终可以得出结论：霸王的品牌战略能力是非常缺失和不成熟的，明显有点好大喜功、贪多求大、自以为是，如此才会从根本上导致霸王凉茶战略错误和公司亏损危机。

我认为：霸王最大的战略失误就是品牌延伸，霸王洗发水延伸做霸王凉茶，是违背常识的低级错误。那么我们就先静下心来，好好剖析一下霸王凉茶的失误到底在哪里？首先看一下霸王做霸王凉茶的理由是什么？

我总结一下，理由主要有以下3点。

1. 王老吉凉茶一年可以卖到160亿元，一家独大不正常，霸王凉茶有机会成为下一个百事可乐。

2. 霸王通过广告宣传成为"中药世家"的定位和认知，凉茶和洗发水都是中草药同源，霸王凉茶的品牌延伸关联度问题消费者就可以接受。

3. 霸王有钱、有品牌、有大明星、有渠道，霸王凉茶口味更好。我们来逐个解除下反对意见，让霸王凉茶心服口服。分析如下。

第一，霸王失察了，其实中国凉茶市场不是没有第二品牌。当时的凉茶第二品牌是和其正，一年销售额为50亿元左右，更要命的是当前中国凉茶市场竞争非常惨烈，光广东大概就有近千个大大小小凉茶品牌，在广州也有上百个凉茶品牌。据说目前全国只有王老吉与和其正在赚钱，很多超大型企业进去，结果都是血本无归，其中包括"两乐"，不信您问一下"两乐"。当然这不是核心矛盾，最纠结的是下一个。

第二，霸王有点自以为是、狂妄自大、一厢情愿。没有从外部竞争出发，没有从消费者心智出发，霸王想成为"中药世家"的代名词，希望全世界的人早上一起来，先用霸王牌牙膏刷牙，再用霸王牌洗发水洗头，中

精准定位

午再喝霸王牌凉茶解渴，晚上再用霸王牌沐浴露洗澡。很多时候，不是我们想成为什么，而是竞争对手允许我们成为什么，消费者允许我们成为什么。事实上，在中国人当前心智中，霸王＝防脱洗发水，霸王不代表"中药世家"，心智不会轻易改变，人们会感觉霸王凉茶里有霸王洗发水的味道。举个同样非常搞笑的案例，当年成都恩威药业做女性清洁液很成功，恩威洁尔阴是当时中国女性清洁液第一品牌，后来它们也像霸王一样，再巨资推出一款太太口服液，还是用一个牌子，就叫"恩威口服液"，虽然做了很多广告，结果两个产品都卖不动了，后来总裁调查到原因，简直气得要吐血，很多女性消费者说："拿到你们恩威的产品，我不知道是该往上面涂，还是往下面涂。"

所以，我认为：定位的本质在于占领顾客的心智，定位是外部导向，是需求和竞争二元导向，定位核心就是在顾客心智中针对竞争对手的位置来确定自己的位置，从而让品牌成为顾客的优先选择。所以"霸王＝中药世家＝凉茶"的逻辑和公式是不成立的。

第三，针对"霸王有钱、有品牌、有大明星、有渠道，霸王凉茶口味更好"的说法，那就再简单不过了，如果有钱、有品牌、有大明星、有渠道就可以成功的话，那么联想手机也不会被迫亏损出售了。那么，现在中国凉茶第一品牌和第二品牌应该是属于可口可乐和百事可乐了，而不应该属于王老吉与和其正了，更应该轮不到霸王了。因为在巨人"两乐"面前，霸王不过是个新生儿（就像一个傻乎乎的婴儿）。更何况客观上，在食品饮料行业，霸王绝对算不上是有钱、有品牌、有大明星、有渠道的，霸王一年销售额最高峰只不过17亿元，销售王老吉、和其正的加多宝和达利集团的销售额至少是霸王的5倍、10倍以上了！再说凉茶的口味，我们说"不同""胜过""更还"，"第一""胜过""更好"，在凉茶里面，口味比王老吉好的有很多，去火药效比王老吉好的也有很多。但10多年来，王老吉却牢牢把控第一品牌，谁都动摇不了。

当然，霸王凉茶做品牌延伸不是个案，在中国有太多热忱于做品牌延伸的企业了，简直不胜枚举。

我们做春兰空调成功了，马上做摩托车、汽车，也全用"春兰"这个牌子。

我们做海尔冰箱成功了，马上做电脑、手机、制药厂，也全用"海尔"这个牌子。

我们做茅台白酒成功了，马上做葡萄酒、啤酒，也全用"茅台"这个牌子……

还有长虹手机、美的电工、平安银行、活力28矿泉水、春都养猪厂、格兰仕空调、红塔山地板、娃哈哈童装、鲁花大米、王老吉固元粥……太多了。很多延伸都完全不管消费者心理是否可以接受，竞争对手是否允许，做战略有点想当然。当然，上面有很多延伸品牌早已死亡或者开始走向衰败，但是后面不怕死的还是如此之多，还是前仆后继、飞蛾扑火、至死不渝。

那么，究其原因，我们不得不思考，这些品牌为什么这么喜欢做延伸呢？它们背后的逻辑是什么？

第一，还是与钱有关，品牌延伸可以节省打造新品牌的巨额广告费。特劳特先生曾做了一个相关统计，在美国，一个新品牌成功上市的费用至少要3000万美元，但品牌延伸只要500万美元。

第二，品牌延伸可以快速借助原有品牌的势能和光环效应更快地被消费者接受，快速拉动销售。

其实他们错了，品牌延伸看似符合逻辑，在短期内会有所收益，但从长远来说，会得不偿失，有时就好比"水煮青蛙"会被慢慢烫死。

具体危害又有三。

第一，品牌延伸看似可以节省新品牌的广告费用，但从实际效果看，企业需要投入比新品牌更多的广告，用来修正对品牌原有的认知和定位，还是以"霸王凉茶"为例。

第二，品牌延伸会损害原有的成功品牌，让人觉得您不务正业，老品牌会变得定位不清和令人不可信，以"春兰摩托车"为例。

第三，完全无关联的品牌延伸同时也会连累您的新产品，人们认为您的出身不是干这一行的专家，给人不专业的印象，对新产品没有任何好处，以"红塔山地板"为例。

如果在市场上还没有强大的、专家型的竞争对手的话，可以考虑做品牌延伸，但是就算现在还没有出现专家品牌，迟早也会出现专家品牌，并且历史和实践证明，非专家型品牌最终一定会被专家型品牌打败。以IBM复印机和春兰空调为证。当然这里，有人会反问：为什么GE、索尼、三星和康统等延伸品牌会成功？解答一下，事实上，GE、索尼、三星品牌在很多领域都被专家品牌打败，并且其利润率非常低，甚至亏损，GE有著名的数一数二战略。至于大家质疑的康师傅在方便面和瓶装茶饮料两个品类的领导地位，核心原因是：

1. 在中国大陆，康师傅是方便面和瓶装茶饮料品类的开创者。康师傅先入为主，占住先天优势。

2. 几乎康师傅统一所有的竞争对手都和它们一样是延伸品牌，如此大家又回到同一起跑线上竞争，康师傅的领先地位又发挥了作用。

但是，我们可以根据实践成果判定，随着品类的分化和竞争的加剧，康统的领导地位是暂时的，时间会证明一切！

关于品牌延伸，我们再次强调：最佳的品牌战略是采用专家品牌，多就是少，少就是多，通才是软弱的，品牌的力量与您代表产品的数量成反比，最成功的品牌都是指代一个品类。比如，戴尔＝直销电脑，格力＝空调，王老吉＝凉茶，海飞丝＝去头屑洗发水，等等，霸王本应该等于防脱洗发水，而不应该跟风等于凉茶，我们中国企业更多的要学会专注聚集，不要好大喜功、随意跟风，别人做得好您就眼红，这样会得不偿失的。因为，现实证明，竞技场上领导者"吃肉"，跟风者只能"喝汤"，更多时候连"汤"都喝不上，只能喝"西北风"。

其实，回过头来，我们也并不反对企业做跨品类延伸，只是不要像海尔一样所有的产品都叫"海尔"一个牌子，我们甚至并不完全反对霸王做凉茶，我们深恶痛绝的是霸王出凉茶，还冠上"霸王"这个牌子。为什么不能像其做中药去屑洗发水改用"追风"一样，不能重新启用一个新牌子呢？加多宝推出的矿泉水还叫"王老吉"吗？不是，答案是"昆仑山"，这才是中国如此多的"霸王凉茶"们要学习的品牌运营之道。比如，宝洁集团其产品覆盖洗发护发、美容护肤、个人护理、家居护理、妇女保健、婴儿护理等诸多品类，但都是品牌区隔化管理，光洗发水品牌就有海飞丝、飘柔、潘婷、沙宣、伊卡璐等，每个品牌分别代表不同的特性和定位。

凡事都有道，西方300年血流成河的商战历史证明：定位时代早已到来，品牌定位原理就是打造品牌的一般规律，中国的市场会慢慢趋向西方市场，品牌竞争早已全球化。在这里，我再次呼吁：打造品牌的中国企业，特别是那些正在走向品牌延伸陷阱的企业，一定要警惕品牌延伸战略失误，不要拿自己的生命开玩笑，一定要慎之再慎。

在这里，我也给出对霸王集团个人真诚的建议，以供霸王或者像霸王一样正在犯同样错误的企业来参考。

第一，尽快回到自己擅长的日化战场，专注聚集、精耕细作、做强做大"中药洗发水"。真正实现"国货当自强，洗发用霸王"的豪言壮语，先把霸王中药洗发水这一款产品卖到全世界。此为上策。

第二，马上关闭或出售霸王凉茶项目，其实霸王凉茶品牌延伸的战略失误比"二恶烷风波"对霸王的伤害更大，霸王凉茶死得越快，对霸王集团越有利，反之亦然。

第三，如果退一万步，确实还是立志要做凉茶项目的话，一定不要用霸王这个牌子，重新换一个新品牌，并且最好不要与霸王品牌发生任何关系和产生联想，不要让消费者知道它是霸王做的，当然，还需要警醒的是纵然换一个新品牌做凉茶，那么凉茶项目还需做好继续长期亏损的准备！

第八章 九德精准定位成功案例

精准定位

古人云："他山之石，可以攻玉。"我们要学会在战争中学习战争，在实战中寻找我们的智慧和养分。我经常说我是属于野兽派，不属于教授派和理论派，所以，我们所有专业总结都是在实战中获得的智慧思考。我跟大家汇报我们做的一些案例，包括我们列举的全球500强、中国500强等众多优秀案例，都是希望为您所用，为我们所用，让我们一起从这些经典案例中获得能量。

我们九德定位服务过的精准定位主要案例有："电池要耐用，当然选南孚""金牌厨柜，更专业的高端厨柜""金彭，全球电动三轮车领导者""台铃，跑得更远的电动车""鸡大哥原汤鸡粉，减半用一样鲜""远洋，更环保的塑胶跑道""充管家，更安全的电动车充电器""吃五常大米，选稻花1号""李家芝麻官，高端芝麻酱领先品牌""洞庭山泉，天然好水新选择"等，在这里，我们重点跟大家剖析南孚电池、金牌厨柜、金彭三轮车、台铃电动车、洞庭山泉等目前可以公开的服务案例。

当然，我们并不是为了单纯讲案例，而是要吸取这些案例背后的宝贵经验和惨痛教训，我们要"见贤思齐，无则加勉"。并对照这些案例来深刻思考我的行业、我的品牌应该如何精准定位？如何通过这些品牌找到它们的共性、第一性原理和本质规律，找准规律为我所用。如此，我们的品牌就也有机会成为下一个王老吉，下一个公牛插座，下一个美团外卖，下一个南孚电池，下一个台铃电动车等成功品牌。

01 助力南孚电池成就电池王者

面临3大挑战

南孚电池如何从销售额20亿元到40亿元？如何稳固家用电池领导地位？南孚电池原来在5号、7号小电池领域处于领先地位，但是它在1号大电池一直是落后的。我们2015年开始服务南孚电池，南孚电池之前做的1号电池叫丰蓝，做了两三年一直亏损，它的对手主要有双鹿、GP超霸、华太、白象、555、长虹等，它当时面临三大挑战。

第一，丰蓝防漏电池的定位不精准，两年多一直处于亏损状态，虽然它在线下渠道铺了很多丰蓝电池，但就是不动销。

第二，南孚电池在1号电池的市场占有率还非常低，有渠道但是无销量。

第三，南孚品牌自身品牌缺乏一句非常核心的广告语，广告效率还不是很高。

南孚在2015年没有找我们九德做定位前，丰蓝电池的定位是不漏液的电池，很显然这个定位是有问题的，是个伪定位。因为在20年前很多电池会漏液，我们小时候都玩过漏液的电池，但是随着全球科技的发展，现在90%的电池都已经解决漏液问题了。您如果还是打这个漏液，就没有打准消费者的痛点和买点，没有找准心智资源。所以，它之前定位不漏液电池就失败了，哪怕您是南孚，也是医者不能自医，还是需要找到第三方的"外脑"帮忙把脉。

精准定位

丰蓝1号精准定位和服务内容

首先，我们把丰蓝电池的品类界定改成燃气灶电池，我们很多人都做过饭，因为这个1号电池以前主要用在手电筒，但现在手电筒已经进博物馆了，手电筒现在已经都被手机所替代了，现在1号电池60%主要用在燃气灶和热水器，核心是燃气灶用量最大。于是我们研究能不能直接占据一个燃气灶电池而对号入座，就界定品类为燃气灶电池，这个已经成功一半了，然后抢占第一特性就是"高温下更耐用"，因为燃气灶的台面上长期处于高温环境，高温下电力容易衰竭，所以叫"高温下更耐用"。

然后，我们做的超级符号是蓝色的聚能环火焰，刚好跟燃气灶电池品类特性相关联，定位广告语叫作："燃气灶电池，用丰蓝1号；高温下更耐用！"并在终端打出"点火不给力，马上换丰蓝1号"的终端广告。我们在超市里面做了很多比人还高的大大的丰蓝1号电池的模型，很多小朋友都会主动与这个大电池玩耍和拍照，并取得很好的效果。我们一起通过两年多的时间，丰蓝就从亏损状态变成燃气灶电池的第一品牌，并成为1号电池的第一品牌。

南孚电池精准定位和服务内容

针对南孚电池，我们进一步升级提炼它的第一定位特性"耐用"，就是"电力持久更耐用"，并进一步聚焦上升到战略高度，南孚电池打了这么多年的广告，我认为最核心的记忆点应该就是"耐用"。也就是说南孚这么多年的很多广告费都浪费了，那现在主要聚焦说"耐用，电量升级更耐用，每年电量升级多少"，我们给南孚提的广告语叫作："电池要耐用，当然选南孚"，让南孚的广告更加单一、简单、精准、一致、高效。然后第二个，我们也建议南孚把这个红色聚能环的超级符号进一步锁定放大，虽然我们去南孚的工厂看到这个聚能环只是一个非常普通的塑料环，这个聚能环的成本可能只需要5分钱，但这个塑料环能够锁住底部的电量漏电，它在我们消费者心智当中能量非常强大。我们在互联网上把这个南孚聚能环叫作"巨能还",就是"特别能还债",比如说罗永浩是"巨能还",这说明南孚聚能环品牌打造是相当成功的。

我们还建议南孚电池把这个红色的聚能环的超级符号全部放大并印在所有产品包装上,并把它的外箱包装设计从原来普通灰色全部改成彩色。南孚在超市、便利店、五金店、电商网页等所有产品终端都统一展示这个红色的聚能环,这个超级符号包装盒子就是它非常强大的广告位,这样南孚电池的广告费可能又节省了一半。所以,南孚的超级符号是红色聚能环,我们就建议丰蓝1号燃气灶电池的超级符号做成蓝色火焰光环,因为它的名字有个"蓝"字,再加上燃气灶的火焰也刚好是蓝色的,刚好蓝色火焰也是一个圆环,同样有异曲同工之妙。

然后,南孚集团布局了整个家用电池全品类,除了5号、7号、1号电池外,还有纽扣电池、智能门锁的电池、充电电池,以及相关数码配件等,做大做实"电池要耐用,当然选南孚"的超级广告语,并彻底打败了金霸王,成为中国家用电池绝对的领导品牌。南孚电池的销售额就从20亿元增加到了40亿元,并且它的利润达到了8亿元到10亿元,高达22%左右的利润。

02 助力金牌厨柜从6亿元增加到35亿元

面临3大挑战

我们从2016年开始服务金牌厨柜,金牌厨柜原来的销售额只有五六亿元。它的对手都是巨无霸,像欧派厨柜那时候销售额达到60亿元左右,还有志邦、我乐、博洛尼、司米厨柜等,另外很多大品牌像美的、海尔、松

精准定位

下、索尼等大企业都有厨柜。那金牌厨柜如何以小博大？这个值得我们每个人参考学习，如果您像南孚一样本身是领导者去竞争可能很容易赢，但是您本身是一个弱小的挑战者，如何以小博大和以弱胜强？这就要考验我们的营销真本事和智慧。

金牌厨柜当时面临什么挑战呢？

第一，它已经做了 17 年，但销售额只有 6 亿元左右无法突破，做的品类是大而全，包括锅碗瓢盆和厨具等。

第二，它当时的行业排名在第 5 名开外，特别是面临最大对手欧派的强大压制和碾压，欧派体量是金牌的 10 倍以上。

第三，行业和对手都在做全屋定制，金牌厨柜这个时候也开始陷入了战略迷茫。

金牌厨柜精准定位和服务内容

金牌企业希望我们首先帮它界定品类，金牌厨柜是跟风都去做全屋定制？还是聚焦专业做厨柜？最终，我们给它明确的战略定位是"金牌厨柜，更专业的高端厨柜"，然后抢占第一特性是"环保"，80% 的同行都在搞全屋定制，那我就只专注做厨柜，这个战略有点像格力空调。20 年前中国的美的、海尔、TCL 等家电巨头都是大而全，格力第一个专注聚焦做空调，提出"好空调，格力造"定位广告，格力就率先成为全球空调专家与领导者。

所以，我们帮金牌厨柜也是参照了格力的定位，诉求"金牌厨柜，更专业的高端厨柜"，那您凭什么更专业高端呢？我们给金牌厨柜做的第一定位特性和支撑点是"环保"，广告语是"环保的厨柜，用金牌厨柜"。为了表现"环保"特性，我们建议金牌厨柜在板材里面养金鱼，因为我们调研发现中高端人士买厨柜最关注环保，比如在厨柜里面放锅碗和食品，特别是有小孩和老人的家庭更需要环保。

另外，金牌厨柜超级符号就是一个金牌 G，我们这个超级符号金牌 G

明显要比欧派、我乐、志邦等对手要强大得多。金牌厨柜这个超级符号G在全球都能通用，除了在中国之外，在美国、加拿大、澳大利亚、英国、迪拜等多个国家都能高效识别和传播这个符号。

金牌厨柜精准定位落地系统

为了抢占"专业"和"环保"特性，我们给金牌厨柜制定了"金牌厨柜9大专业优势"：环保更专业，耐用更专业，安全更专业，防潮更专业，清洁更专业，收纳更专业，设计更专业，服务更专业，定制更专业。其中最核心就是强调"环保"，并调整升级使用一级环保材料，因为这个"环保"特性的心智打得很准，金牌厨柜马上获得了消费者的青睐和口碑传播。

我们精心制作了《金牌厨柜9大专业优势口袋书》，金牌厨柜现在全球有3000家店面，我们给金牌厨柜所有员工、销售员、经销商等至少3万人全部配上这本口袋书，并统一定位销售话术和终端海报物料，利用好传统电商和手机新媒体营销系统。然后，我们还做了金牌厨柜的产品手册、招商手册，拍了针对终端销售的定位广告片和宣传片，以及针对经销商招商的定位招商片，建议金牌厨柜在每个展厅的大门口过道和门店休息区安装两个显示屏来播放广告片、宣传片、客户见证等定位销售视频，做好精准定位落地系统。

一流的管理靠系统，所谓"铁打的营盘，流水的兵"，麦当劳、肯德基、星巴克等世界500强都是靠系统支撑，而不是拼人才。以前金牌厨柜门店的销售好坏全凭一张嘴，好不容易通过三五年培养出一个合格的店长或者金牌导购，说不定明天就被他的对手花重金给挖走了。所以，我们把金牌厨柜的"道法术器"定位系统做好后，招聘一个新员工可能一个星期就能上手，很多陌生的客户进店后，通过我们的整个终端店面的定位销售系统就能成功销售好。

另外，为了更有效地协助客户做定位落地和提升销售，我们也帮金牌厨柜做招商系统策划，我们给金牌厨柜做的招商主题叫"百亿金牌，共赢

精准定位

天下"。金牌厨柜那时候只有五六亿元销售额,当我们喊出"百亿金牌"这个招商主题的时候,我们与金牌厨柜的董事会20多人开会舌战群儒,90%的人都不同意"百亿金牌,共赢天下"这个招商主题。他们有一个副总裁跟我是湖北老乡,他明确跟我说:"徐老师,我们能不能低调务实一点。"

那我是如何回应的呢?我当时就自信满满和激情澎湃地发表了如下演讲。

您要成为业界领袖和做品牌,就绝对不能谦虚低调,至少是阴阳结合、虚实结合。领袖人物都有霸气和自信心,最核心的是当您还不是很强大的时候,您要吸引顶尖的资源人才为己力所用,就越是要自信,我们看宇宙就是大能量的吸引小能量的。比方说太阳吸引地球等8大行星围着它转,地球吸引月亮围着它转,所以大能量永远是吸引小能量的,这是宇宙能量法则。在金牌厨柜所在的家具建材行业,有很多都是非常成熟的经销商,一个大的经销商可能已经做到10亿元,比如山东最大家居建材经销商华耐家居营业额就超过50亿元。所以说,金牌厨柜如果不想做100亿元的话,这些优秀的经销商又为什么要跟您混呢?特别是当我们很弱小的时候,一定是要有大格局、大梦想、大能量。

最终我就说服金牌厨柜董事会采用和延续了"百亿金牌,共赢天下"这个经典招商主题,因为我的品牌名字叫金牌,所以要赢,我天生就是王者,天生就是赢家。金牌提出要做100亿元,很多经销商就会想我跟他一起赚个1千万元或1亿元,不是有机会吗?现在很多行业都非常成熟,如果您想成为行业的前三名,您的经销商就必须是当地的前三名,所以我们就建议金牌厨柜的经销商必须不断锁定到行业前三名。然后,我们为金牌厨柜提出的战略发布会和定位公关主题是"专业的力量",这个定位公关主题能更好与金牌厨柜的定位"更专业的高端厨柜"相符,金牌厨柜原来沿用几年的战略主题是"我就站在世界中央",我就说"你站在世界中央,跟消费者有什么关系?这是温柔的废话,是没有任何销售力的"。确实,我们很多企业的定位公关主题和招商主题大部分都是无效的。

最终，金牌厨柜战略发布会主题改成了"专业的力量"，其实，这个定位主题就是指：很多竞争对手都搞大而全的全屋定制是不专业的，什么都做可能什么都做不好，也很难做到环保，只有金牌厨柜更专业、更环保，服务周期更短，那时我们准备请格力董明珠来站台，这就是围绕我们的定位做的定位落地配称。于是，金牌厨柜在2017年5月12日在上海A股主板成功上市，销售额从6亿元做到现在的35亿元左右，并成为专业的橱柜第一品牌，成为中国厨柜行业的第一个上市企业。当然，如果不是这几年房产行业下行，它肯定是能做到100亿元销售了。

03 助力金彭三轮车从30亿元到100亿元

面临3大挑战

我们从2016年开始服务金彭三轮车，金彭那时候销售额做到30亿元左右，但利润非常微薄。南孚电池和金牌厨柜都是相对中高端人士使用的产品，而金彭三轮车的客户人群主要是我们中下层的农民和手工业者，金彭当时的主要竞争对手是宗申、海宝，特别是宗申总体体量要略高于金彭，直到现在宗申的知名度还是高过金彭的，很多人都听过宗申而不知道金彭，宗申请了张国立等明星做品牌代言。

金彭当时面临三大挑战。

第一，整个电动三轮车行业的价格战非常惨烈，整个行业都缺乏品牌意识和品牌溢价，利润都很薄。

第二，面临两大对手宗申和海宝的两大品类双重压力，宗申是传统电动三轮车，海宝是三轮篷车。

第三，整个三轮车行业发展下行，市场总量在下滑，使用三轮车的人

精准定位

越来越少了，同时整个行业在升级，很多人开始用皮卡车等其他的车辆来替代三轮车。

金彭之前的定位广告语叫"真金品质，彭程万里"，也是花了好几百万请国际4A广告公司做的，并想从这个广告语里面表达"金"和"彭"两个字加在一起就是品牌名"金彭"，其实这就是"温柔的废话"，这句广告语看似漂亮，但是实际上没有销售力，与消费者的买点和购买理由没多大关系，消费者根本不认。

例如，金彭那时在面包车上做了一个户外广告是"真金品质，领先科技"，我们拿着这个广告做定位调研问消费者："金彭是卖什么的？"很多人都回答说："金彭不是卖面包车的吗？"金彭的高管听到这个调研简直气得要吐血。有很多广告经常犯的低级错误是"卖的什么东西都不告诉消费者"，就像宗申一直打的定位广告是"大品牌，好车辆，宗申车辆"。宗申车辆这个品类界定和定位肯定有问题，因为车辆包括两轮车、三轮车、汽车、卡车等，也是因为作为领导者的宗申自己犯错误和不作为，才给了金彭后来居上的战略机会。

金彭三轮车精准定位和服务内容

首先，我们帮金彭界定的品类是电动三轮车，消费者不知道谁是电动三轮车领导者，最大对手宗申没有占据领导者的心智地位，于是我们就赶快抢占"金彭是全球电动三轮车领导者"。当然，这一点远远不够，我们调研发现消费者用三轮车第一特性是"结实耐用"，特别是东北、山东、河南这些农业大省。三轮车是很多农民家里的最值钱的生产资料，农民使用三轮车最希望结实耐用。所以我们明确抢占"结实耐用"这个第一特性，并提出"金彭三轮车结实耐用，使用寿命是普通三轮车的2倍"。我们终端有句广告语叫"宁买金彭贵一千，不买杂牌骑半年"，这是农民兄弟都听得懂且非常有杀伤力的顺口溜。我们一定要说老百姓听得懂的话，到什么山唱什么歌。

另外，我们确定金彭的超级符号视觉是金黄色"大鹏鸟"，并统一定位销售话术，统一了1万多家终端视觉形象。通过这几年一系列精准定位和落地系统，金彭三轮车的销量就从30亿元增加到了近100亿元，并且金彭三轮车的溢价能力也越来越好，不断收割很多中小杂牌，金彭的销量和品牌势能大大超越了宗申。金彭销量原来跟宗申处于焦灼状态，现在金彭的销量比第一名到第十名的总额还要多，这个第二名就是宗申，宗申原来的营销总裁后来就跳槽成为金彭的营销总裁，宗申的很多优秀中高管和经销商也都转向做金彭了。

所以，要么精准定位干掉对手，要么不做定位就被有定位的对手干掉。在这里，我也真诚希望我们有机会协助您通过精准定位去超越竞争对手和建功立业，否则您的对手率先做定位，您根本就没有反击机会。很多时候不是我们想成为什么，而是对手允许我们成为什么，金彭三轮车能成功，首先在于它的对手宗申确实犯了很多战略性错误而留给它最大机会。

04 助力台铃电动车从30亿元到180亿元

面临两大挑战

我和陈名友老师2018年年初开始服务台铃电动车的定位，台铃电动车同样也是定位行业一个非常神奇的案例，台铃如何从30亿元增加到180亿元？如何在雅迪、爱玛非常强势的二元竞争格局下三分天下？这个定位案例对我们非常有战略参考价值。

当时台铃面临前所未有的两大挑战。

第一，整个电动车行业是二元竞争，雅迪、爱玛基本上遥遥领先和垄断市场。

精准定位

雅迪、爱玛的销售额当时都是在 100 亿元以上，雅迪已经在香港成功上市，最主要是一提到电动车，80% 的人只知道雅迪和爱玛，这个行业只有第一和第二，没有第三。

第二，台铃面临雅迪、爱玛两大领导者的封杀，没有利润，企业处在崩溃边缘。

台铃原来的大本营主要是在广东、云南、广西、海南这些华南市场，雅迪、爱玛为了抢夺华南市场就开始大力封杀和抢夺台铃华南利基市场，并不惜花重金去挖台铃的核心经销商。台铃这些大经销商开始用雅迪和爱玛开出的条件来与台铃总部谈判博弈，台铃的经销商体系于是处在崩溃的边缘。台铃之所以有 30 亿元销售额盘子，是因为它在华南这几个省抓取了一些优秀的大经销商，如果这些有实力的大经销商被雅迪和爱玛给撬走了，那么台铃这个品牌大厦就可能完全崩塌了，处在社稷危难之间，我们就是临危受命，一起全力协助台铃电动车扭转乾坤。

台铃电动车精准定位和服务内容

我们帮台铃做的定位是"台铃，跑得更远的电动车"，定位品牌故事是"电动车，跑得远是关键，跑得远，选台铃，一次充电 600 里，掌握国家专利省电技术；台铃，跑得更远的电动车，中国三大电动车之一"。因为，我们调研发现消费者买电动车的第一痛点、第一特性是电动车的续航能力，就是"充一次电跑得更远"。但是，雅迪的定位是"更高端的电动车"，爱玛是"更时尚的电动车"，同时，雅迪、爱玛都在教条主义地打热销和领导者定位，我们通过精准研究洞察到消费者最最关心的是续航能力，特别是跑外卖、快递、摩的和很多开电动车接送孩子的妈妈等核心用户。比方说，现在很多电动车不能上楼，如果住在 6 楼，您要么把这个电池从 1 楼提到 6 楼去充电，非常麻烦，要么需要从 6 楼接一根长长的充电线到一楼来充电，于是充电非常麻烦，如果我们能解决这个超级用户痛点，就有可能成王成圣。

我们发现电动车的第一特性并没有被核心对手雅迪和爱玛所重视和抢占，才给了台铃这个定位机会来率先抢占"跑得更远"这个第一特性，最终才有我们定位成功的机会，这样就获得了需要长续航的核心消费人群的选择。现在很多大街上跑外卖、快递、摩的等都是使用台铃电动车，他们在大街上走街串巷成为台铃电动车免费的广告。

台铃的综合实力和广告费与对手相比差距较大，雅迪、爱玛在高峰期一年的广告费高达3亿~5亿元，那台铃如何以小博大和出奇制胜呢？台铃只能通过更加精准定位来快速撬动消费者的心智痛点，才有机会翻身逆袭。最终，台铃通过"跑得更远的电动车"的精准定位打了一个非常漂亮的定位特性侧翼战，"跑得更远"既是消费者购买电动车的第一特性，也是消费者的第一痛点。

另外，我们做了非常精准高效的"跑得远"定位公关，申请"一次充电最远的续航"的世界纪录，2020年，台铃长续航电动车以656.8公里创下的"一次充电行驶最远距离"吉尼斯世界纪录至今无人打破。然后在全国各地搞"跑得远比赛"，并把这个"跑得远比赛"的定位公关活动做到极致，最终不管怎么比赛跑，雅迪、爱玛、台铃等众多电动车品牌中，台铃永远是跑得最远的，一次充电600公里，等等。

台铃这个"跑得远"定位现在也引起雅迪、爱玛等众多同行对手的抄袭模仿，雅迪专门推出冠能"更高端的长续航电动车"，爱玛打出"百公里，不充电"广告。最终，台铃成为长续航电动车的开创者和领导者，并引领电动车行业的续航里程大步提升，造福行业健康和可持续发展。同时，也进一步地验证台铃的"跑得更远的电动车"这个定位还是非常精准和难得的。

经过6年的努力，现在台铃的销售额已经从2017年的30亿元快速增加到2023年的180亿元，坐实行业第三品牌，与雅迪、爱玛三分天下。雅迪、爱玛、台铃三家的销量总和已占到行业总量的60%以上，台铃成为整个电动车行业公认的增长最快速的电动车品牌，成为行业的神奇案例。现

精准定位

在台铃已经慢慢逼近了第二品牌爱玛，未来完全有机会反超爱玛，从行业第三做到行业第二，我们非常看好台铃有机会能彻底超越雅迪、爱玛，而成为中国电动车行业第一品牌，让我们一起拭目以待。

当然也非常可惜，我个人认为这几年台铃面对雅迪、爱玛等对手的"跑得远"特性封杀和模仿，台铃没有进行最及时和最有力的回击，台铃"跑得更远"的系统精准定位落地还没有最大限度做到最好，并没有最大限度和最高效地引爆消费者心智。另外，还是因为雅迪、爱玛作为强势二元竞争领导者在综合实力上之前是远远领先于台铃，并拥有强大的先发优势和光环效应，对手还是过于强大。本来按照我"第一特性打造第一品牌"的精准定位规划，台铃"跑得更远的电动车"，这个定位是要在6年左右就从"三分天下"做到"行业第一"的。

最后，补充一下台铃的超级符号，台铃目前的超级符号就是"T"，这个"T"是台铃中文拼音和英文的首字母，也是电动车的车头的形象，跟特斯拉的"T"有点相似，但这是不谋而合的，台铃3万家门店与所有产品包装和视觉都统一标注有广告语"台铃，跑得更远的电动车"和这个超级符号"T"。

05 助力江南贡泉和洞庭山泉打造江南水王

最近，我们服务了洞庭山矿泉水集团，洞庭山是"中国矿泉水行业前十强"和"江苏包装饮用水行业龙头企业"，拥有苏州洞庭山、溧阳瓦屋山、安吉龙王山三大江南黄金水源地，老板叫汪利明，我跟汪总说："您的'汪'字就是'水王'，汪总天生要做江南水王和名利双收。"

一提到"洞庭山"，很多消费者就会马上想到"洞庭湖"，消费者根本不知道"洞庭山"是做什么产品，"洞庭山"这个名字确认有点认知障碍，与"农夫山泉"相比确实有不少差距。所以，洞庭山做了26年基本上还是在江苏徘徊，事实上，"洞庭山"的水源地在苏州洞庭东山，这个水源水质非常好。

于是，我们建议洞庭山重新启用和主推两个新品牌"江南贡泉"和"洞庭山泉"，这两个名字都是能与"农夫山泉"相媲美的好名字。因为农夫山泉是亚洲首富，市值5000亿元，我们认为"江南贡泉"和"洞庭山泉"各自的品牌价值都至少是50亿元，我们最大的贡献可能就是建议它推出全新品牌"洞庭山泉"，"洞庭山泉不仅能马上与领导者"农夫山泉"直接地心智对标，还可以继承"洞庭山"26年来累计的品牌资产。我想洞庭山集团如果早5~10年就大力推出"洞庭山泉"这个新品牌，那"洞庭山泉"有可能已经成为"农夫山泉第二"。

江南贡泉的定位是："活的高山泉水，源自安吉龙王山1587米，是真正的天然山泉水，真山泉、真的甜。"江南贡泉是整个长三角最好的原生态的高山泉水，水源和水质远高于农夫的千岛湖水，很多江浙沪的政府领导和高端人士都在喝，满足中高端消费者需求，高质高价，适合泡茶、冲奶、煮饭、煲汤、直饮等各种饮用场景。

洞庭山泉的定位与农夫山泉完全对标，定位广告语是："洞庭山泉，天然好水新选择"，意思是"不喝农夫山泉，就喝洞庭山泉"。洞庭山泉是长三角两大天然水品牌之一，在长三角有两个叫"山泉"的天然水品牌，一个是"农夫山泉"，另一个就是"洞庭山泉"。洞庭山泉只选江南天然优质水源，口感也很清甜，针对消费者，同质同量价更优；针对经销商，利润空间更大。

现在整个饮用水行业天然水不断替换纯净水，同时，山泉水将成为继天然水后的终极财富风口。所以，我们是"江南贡泉"和"洞庭山泉"双品类、双品牌运作，黄金搭档，两个拳头打天下。我们未来的定位规划是：江南贡泉打造长三角山泉水领导品牌，洞庭山泉打造长三角天然水领先品牌，5~10年销售做到30亿~100亿元，成为真正的"江南水王"。

精准定位

我们还帮"江南贡泉"和"洞庭山泉"做了系统的定位落地和招商策划，成功策划举办了"好水旺财，共创未来"大型招商会，"江南贡泉"和"洞庭山泉"目前正在江浙沪皖火热招商，在这里我也郑重呼吁和邀请相关人士来加盟合作江南贡泉和洞庭山泉，一起建功立业。

06 蓝月亮、怡宝、方太、远洋、充管家、鸡大哥、李家芝麻官等案例

上面几个主要的案例我们相对重点剖析，下面几个案例就简单汇报一下。

助力蓝月亮打造中国洗衣液领导品牌

蓝月亮在2011年因为"荧光增白剂"公关事件陷入重大危机，雪上加霜的是这时候立白、宝洁、联合利华、雕牌等众多强大对手都在疯狂围攻它，特别是立白打得最凶猛，重点推广立白洗衣液，要乘机反超蓝月亮。蓝月亮的销售额那时大概是在20亿元，它原来是做洗手液做到行业第一，然后转向做洗衣液，因为洗衣液这个赛道品类更强势，更有发展前景。但是您一做好别人就眼红，蓝月亮是洗衣液领导品牌，"荧光增白剂"事件相对容易去公关解决。但是，如果这个洗衣液的行业领导地位被立白等对手反超了，那将是企业更加致命的重大危机，所以，它最核心的还是要解决这个竞争问题。

那时候立白洗衣液做的定位广告是"全国销量领先"，因为立白本身是做洗衣粉领先，它现在告诉消费者说"立白，全国销量领先"，会让消费者误以为立白不仅是做洗衣粉的第一，也是做洗衣液的第一，这一招也非常

有效、非常毒，对蓝月亮的威胁非常大。基于以上竞争态势，后来我们建议蓝月亮要赶紧正本清源，告诉消费者事实真相。于是，蓝月亮就及时打出"蓝月亮——中国洗衣液领导品牌"，并及时在全国所有终端都统一打出这个领导者定位的落地广告。

那时我们跟蓝月亮精心做了这样一个定位品牌故事："蓝月亮洗衣液连续3年全国销量领先，瓶子连起来可以绕月亮X圈，蓝月亮洗衣液，洁净更保护，蓝月亮——中国洗衣液领导品牌。"这里面我们说了两个核心战略点。

第一，蓝月亮是中国洗衣液领导品牌，用了一个"蓝月亮绕月亮"的超级创意。我们都知道原来香飘飘通过"绕地球"的战略创意大获成功，但是我们"蓝月亮绕月亮"会不会比"香飘飘绕地球"更有杀伤力呢？很显然更有力量。因为做品牌的第一步就是要包装品牌名称，让您的品牌名更加有知名度，因为蓝月亮品牌名里面本身就包含"月亮"这个词，所以绕月亮就是非常有价值的战略创意。

第二，蓝月亮的定位特性叫"洁净更保护"。因为那时洗衣液最大竞争对手还是洗衣粉，它是希望能够快速地让中国老百姓从洗衣粉替换成洗衣液。洗衣液的优点在于它能够洗护更加方便，洗衣粉经常会把衣服给洗坏，洗衣液更加柔和，所以叫"洁净更保护"，是更安全高效的洗衣方式。

我们建议蓝月亮把包装做成这个非常容易识别记忆的蓝色的月亮形包装瓶，并确定蓝色作为品牌的标准色，不断形成蓝月亮独特的超级符号视觉。近10多年，蓝月亮在终端用这个月亮形包装掀起一片片蓝色风暴，其实这几年，蓝月亮也推出了"7色至尊"7个颜色的蓝月亮高瓶装的洗衣液，结果除了"蓝色"包装外，其他基本都失败了，因为消费者心智资源认知很难改变。就像加多宝推出金黄色的金罐最终必然失败，因为20年来消费者心智认为"凉茶就是个红罐"，您出这个金罐，消费者就是不认可，很难接受。

因为蓝月亮的蓝色已经进入心智了，您再用其他的红色、白色、黄色、

精准定位

绿色等其他颜色都已经无效了。所以，最终还是这个蓝色卖得最成功，然后在终端做了很多这个月亮造型的视觉堆头。另外，我们建议蓝月亮连续赞助央视和湖南卫视的中秋联欢晚会，因为它的名字叫蓝月亮。所以我们打造出一个消费场景："就是希望每年中秋夜，14亿中国人一边赏月，一边吃月饼，一边用蓝月亮牌的洗衣液洗衣服。"这个广告费就能省一半，可能它以前每年需要3亿元的广告费才能达到这个效果，那现在只需要花1.5亿元的广告费就能达到这个效果，这叫低成本营销。您看蓝月亮一年销售100亿元这么有钱还需要这么干，那么如果您是中小企业，资源费用严重不足，就更要出奇制胜，花小钱办大事，把所有的客户接触点做成媒体传播，您的包装本身是最大的媒体。所以，蓝月亮这个包装就价值10亿元，帮它省了无数广告费。

现在蓝月亮的销售额从20亿元快速增加到了100亿元，市值1000亿元，成为中国洗衣液的绝对领导品牌，并且它在高端市场的领导地位非常强势，目前在中国的市场份额一直保持在40%以上，并且它的利润占比更高。

助力怡宝打造中国纯净水领导品牌

中国饮用水领导品牌是农夫山泉，原来乐百氏、娃哈哈、康师傅是领先品牌，后来农夫山泉反超成为中国第一，农夫山泉去年销售额400亿元，利润100亿元。我们前几年服务怡宝水，首先给它做的特性定位是"安全饮用水，喝怡宝"，因为我们调研发现消费者喝饮用水最大的痛点还是要安全健康，我就算是纯净水，也要做得尽量比别人的更安全一点，所以叫"安全饮用水，喝怡宝"，然后诉求怡宝是"中国纯净水领导品牌"。

后来怡宝做了多年的构筑水安全的定位公关，现在怡宝销售额做到100亿元，成为行业的第二品牌，虽然它打不过第一品牌农夫山泉，但是它打败了乐百氏、娃哈哈、康师傅等强大对手，也非常难得。那时候我们建议怡宝"您要成为行业第二，就一定要盯着第一打"，我们看了金庸的很多武侠剧，比如《笑傲江湖》里面一个刚刚出道的小毛孩，要在江湖上扬名立万，最快的方式就是找天下第一打一架，如果被打死了，就是自己运气不佳，但是如果没被打死的话，您就可能一战成名，成为天下第二，或者是运气好而打败了第一，干掉熊猫您就是国宝，就成为行业新的第一。确实这几年，怡宝跟农夫山泉一直在打架，这样的话，怡宝就慢慢成为行业第二。

但作为国企，怡宝这几年职业经理人和高管换得很频繁，怡宝的定位广告又重新调整为"你我的怡宝"和"心纯净，心至美"等这些非常无效的广告语，我认为确实有点劳民伤财和浪费资源。如果怡宝一直坚持打"安全饮用水，喝怡宝，中国纯净水领导品牌"这个定位广告语，它的效果会更好。我跟怡宝的高管一直在探讨："怡宝水为什么还是卖不过农夫山泉？"他们说："徐老师，为什么怡宝的广告量在广东地区甚至是农夫山泉的2倍，但利润是它的一半都不到？"我郑重地回答说："第一个，我们的名字输了，怡宝这个名字没有农夫山泉好，名字好就成功一半；第二个，我们的品类输了，怡宝是纯净水，农夫山泉是天然水，这两个品类的能量和地位是不平等的，定位是个系统工程。"

助力方太打造高端厨电领导品牌

因为老板做了大吸力油烟机的定位，销量不断威胁到方太，那么方太该如何应对呢？于是，我们建议方太还是同样要抢占厨电的核心大品类，就是油烟机，然后老板抢占的第一特性是"大吸力"，那方太就是"不跑烟"，我们跟方太继续提炼的是"油烟机吸得干净是硬道理"。然后，我们协助方太热水器做的定位是"方太热水器，即开即热更恒温"。同时，我们也协助方太各事业部一起规划从100亿~1000亿元的品类战略，早在前几年我们建议方太要大力推出净水器品类，但是方太做净水器确实有点晚了，错过了净水器的最佳战略发展时机。

另外，早在很多年前我们也建议方太要重点推出集成灶品类，我发现

精准定位

整个油烟机不管是老板和方太怎么打,但集成灶这个品类都在不断替换传统的油烟机,因为集成灶是 3~4 件厨电的合成,它占的空间更小,性价比更高,所以这几年集成灶品类就疯狂增长。于是,我们建议方太一定要自我革命,主动上升到战略高度大力做集成灶,当然方太的集成灶同样做得还是有点晚了,像美大、火星人等集成灶相对卖得更好。当然,如果方太想要保持整个厨电的领导地位,就必须要与时俱进,从油烟机延伸到多个战略性新品类,这就是品类创新和多品类战略的核心问题。

协助远洋打造环保跑道专家与领跑者

远洋老板叫余向强,10 多年前余总见到我的时候就是一把鼻涕一把泪。因为这行业发展非常艰辛,行业的销售模式就是请人喝酒吃饭,而且打价格战非常频繁,他们经常为了成交一单,可能要喝酒喝到吐血,很难受。余总就和我说:"徐老师,我非常讨厌这种销售模式,好不容易跟客户谈好一单,第二天就可能被别人撬走了。"因为这个行业属于工程类,客户都是一些做工程的包工头,那我们怎么去帮助远洋打造品牌和提升销售呢?

后来我们调研发现塑胶跑道的最大痛点和第一特性就是环保,很多年前"毒跑道事件"频发,就是这个学校的塑胶跑道甲醛超标,我们小朋友在上面跑步运动就晕倒了。所以,我们抢占第一特性就是"环保",我们的定位是"远洋,更环保的塑胶跑道",定位广告语是"环保塑胶跑道,远洋造"。

我们做了一个非常强大的超级符号"远洋环保超人"来做它的代言人,因为那时候远洋虽然做了近 10 年,但是它的销售额只有 1800 多万元,但基本上不怎么赚钱,余总和我说:"徐老师,我能不能请姚明来帮我们做品牌形象代言人?"我回答说:"余总,您把您整个远洋公司送给姚明,姚明都不会答应,因为姚明的代言费那时候是 2000 万元,便宜点 1000 多万元,您这个企业的产值才不到 2000 万元,怎么行呢?我们跟您凭空打造一个代言人绝对比姚明要强,如果您用明星一不小心用了陈冠希或吴亦凡等,那风险太大了。"

最终我们精心设计了"远洋环保超人",用环保绿色作为品牌的标准色,这个"远洋环保超人"可以帮您一辈子,而且它不要工资,从不抱怨,一天24小时加班,您睡觉了它还帮您工作。所以,这个"远洋环保超人"又帮它节省了很多广告费,让它在行业内横空出世,远洋的销售额从1000多万元做到几亿元,主要是这个企业整体综合管理水平还不够,不然我相信这个企业销售额做到10亿元以上肯定是没问题的。我们正在帮远洋规划"远洋小店"的新零售模式,就是在中国2800个县里每个县开一个远洋小店,主要销售针对学校的塑胶跑道等体育和教育基础设施相关产品,这又是一个更广阔的品类生态链模式。

协助充管家打造安全电动车充电器领导品牌

我们完全从零开始协助充管家打造中国安全电动车充电器领先品牌,充管家的创始人侯建华原来是在郑州做电动车配件的经销商,一年销售额5000万元左右,但经销商的利润越来越低,赚钱越来越难。我第一次与侯总相见是2017年我在河南郑州主讲《定位定天下》的品牌课,侯总听了我的课就说:"徐老师,我要拜你为师。"侯总是一个非常虔诚的客户,我就回复侯总说:"不要拜师,我不搞个人崇拜。"侯总一直在学定位,面临自创品牌和做经销商二者的战略抉择,我与侯总分析说:"您做经销商永远是帮别人养儿子,如果您是自创做个品牌,就有机会传承后世,留给子孙后代。"

后来我们就确定合作做电动车充电器,原来我们取的品牌名字叫"充帮主",后来这个名字因为国家"打黑除恶","帮主"这个名字注册不了,我们就重新改名成"充管家",并定位成"更安全的电动车充电器",抢占电动车充电器第一特性"安全",定位广告语是"充管家,更安全的电动车充电器,保护电池保护人"。因为我们调研发现电动车非常容易起火,电动车起火60%的原因都是与电动车充电器有关系,这也是一个社会的痛点,这个案例有点参考了公牛安全插座"保护电器保护人"的定位。

所以,我们也是替天行道,让整个行业的充电器变得更加安全,保护我们更多车主的生命财产安全,我们看到很多新闻报道有些大楼就是因为一台电动车起火导致把整个大楼都烧掉了,非常痛惜,非常可怕。那现在充管家每次在电动车展会上都是最靓的仔,一群充管家卡通超人提着大喇叭在全场大喊"充管家,更安全的电动车充电器,保护电池保护人",广告宣传和招商效果都比较好!

协助鸡大哥打造中国原汤鸡粉领导品牌

我们知道中国鸡粉行业的"三大名牌"是太太乐、家乐、大桥,它们都是美国的、欧洲的跨国企业。太太乐、家乐销售额都是50亿元以上,大桥是20亿元以上。那鸡大哥是一个做了很多年,营业额只有几千万的小企业,鸡大哥的创始人张安定从一开始跟我学定位,然后就问我能否帮他做深入的定位咨询,我就回复说:"要我做定位服务可以,但必须满足我第一个条件就是要改名字。"因为它原来的名字叫"剑鱼",宝剑的"剑",鱼粉的"鱼",那剑鱼这个名字是卖什么呢?感觉像是卖鱼粉的,怪不得做了十几年都卖不动。

后来我们就帮它把名字改成"鸡大哥",然后设计了绿色的鸡大哥超级符号,我们做的定位是"可减半用的原汤鸡粉",定位广告语是"鸡大哥原汤鸡粉,减半用一样鲜"。什么叫原汤鸡粉呢?因为我们那时候是想用土鸡粉,用500天以上的老母鸡做成土鸡粉,但是"土鸡粉"广告法不能说,所以我们叫原汤鸡粉,鸡大哥的终端视觉非常有冲击力,用更加环保的绿色代表"原汤鸡粉的老母鸡吊汤"。

因为太太乐、家乐、大桥占据绝对领导地位,那我们只能定位"减半用一样鲜",这样很多餐饮老板和厨师一听,就一定觉得好奇和感兴趣,就想试用一下,让别人试一下您就成功一半了。所以这个广告语做得还是非常有杀伤力,非常犀利,然后我们又帮鸡大哥做了系统招商策划。现在,鸡大哥原汤鸡粉已经成为中国本土鸡粉的领先品牌,鸡大哥这个品牌也是这两年刚刚开始。所以,不管是上百亿级别的大品牌,还是几千万的中小品牌，它打造品牌的原理都是一样的。

协助稻花1号从零打造五常大米新锐品牌

中国最好的大米叫五常大米，但这几年五常大米品类还处在品牌发展的排序期，真正指名购买和对号入座的品牌还是不多，比方说，您想吃五常大米，您能记得谁是第一品牌吗？原来做五常大米的领导品牌是乔府大院，现在是十月稻田，十月稻田现在是被红杉资本和云锋资本投资了17.5亿元，还在继续融资当中，现在十月稻田是五常大米第一品牌，十月稻田这个品牌名字也非常棒。

我们调研发现整个大米在中国的市场总量是12000亿元，光广东省就达到1000亿元。五常大米里最好的品种是"稻花香1号"，现在升级成"稻花香2号"，所以，我们在几十个商标里面选了"稻花1号"这个品牌名，设计的超级符号是"两个稻穗夹个1"和"大米超人"，我们的定位是"更香甜的五常大米"，抢占的第一特性就是"香甜"。我们调研发现五常大米最大的特性就是"香甜"，它比其他普通大米一定是更香甜，您吃习惯了这个五常大米，根本就吃不惯其他大米，包括我自己也是一样，我们做的定位广告语是"吃五常大米，选稻花1号，米饭香甜，孩子更爱吃"。

虽然十月稻田、金龙鱼、福临门、鲁花、华润等对手都非常强大，稻花1号也从零开始成为五常大米的一个新锐品牌，稻花1号做五常大米这个名字确实非常棒，它的品牌能量就非常耀眼。我们相信五常大米本身确实是个好东西，老少通吃，不管是80岁，还是3岁都需要，不管是送礼还是自己吃。在未来大米行业会像食用油一样打造出像金龙鱼、福临门、鲁花、长寿花等一大堆品牌，但是大米行业的品牌力还不够，这就是我们的定位机会所在。

协助李家芝麻官打造芝麻酱领先品牌

李家芝麻官这个品牌名原来叫"李家"，我们发现中国很多老字号都叫

精准定位

李家、王家、张家、徐家等，太多了，它就显得平庸。后来我们给它改名字叫"李家芝麻官"，因为它主要是做芝麻酱、芝麻油，本来想注册"芝麻官"这个品牌商标，但这个商标被四川一家企业注册了，后来我们就注册了"李家芝麻官"。李家的老板李永生原来最早是做大豆调和油，然后转型做芝麻油，最早也是跟我一起学定位，后来他要找我做咨询，我就建议他不要再做芝麻香油了。因为芝麻油品类里面已经有很多大品牌了，有崔字香油、鲁花、海天、太太乐等众多调味品大企业都做芝麻香油，它是属于快消品，竞争非常惨烈。但芝麻酱品类比芝麻油的市场容量要大10倍以上，而且处在"有品类无品牌"阶段，我们在海底捞、巴奴火锅里面吃的芝麻酱都没有品牌，这就是我们品类的机会。

所以，我们建议它的赛道战场和核心品类界定是芝麻酱，同时兼顾做芝麻油等相关产品，我们的定位是"高端芝麻酱领先品牌"，然后设计了一个非常强大的超级符号"七品芝麻官"。小芝麻官，大能量，我们的芝麻酱抢占第一特性是"香"，因为芝麻酱最大需求和痛点就是"香"，我们的定位广告语是"李家芝麻官，高端芝麻酱领先品牌"，然后特性打的是"非遗小石磨工艺，吃起来味更香"。李家是河南非物质文化遗产，河南老字号，工厂在周口，因为中国最好的芝麻在河南的驻马店、周口这一带，我们也协助他把这个老字号芝麻产业发扬光大。就像东阿阿胶是"阿胶+"，云南白药是"白药+"，那我们跟芝麻官做的是"芝麻+"，它的产品有芝麻酱、芝麻油、芝麻盐、芝麻叶、生芝麻、熟芝麻等，以后还有芝麻丸子等，所以，未来我们通过这个"七品芝麻官"会带动很多芝麻系列产品。

现在李家芝麻官已经成为中国高端芝麻酱领先品牌，并且成为锅圈、巴奴、三全等大品牌的战略合作伙伴，现在的锅圈已经成为它最大的合作伙伴，并且锅圈正在准备布局投资入股李家芝麻官，我相信李家芝麻官未来有机会变成一个真正的全国性品牌，成为真正的中国芝麻酱领导品牌。

然后，它的品牌标准色、包装、芝麻官都是用金黄色，为什么用金黄色呢？因为最好的芝麻酱是金黄色的，就像这个稻花1号五常大米也是金黄色的，因为 10 月份东北的五常大米就是一片金灿灿的。

除此之外，10 年来我们九德定位还助力以下品牌精准定位和打造强势品牌，供大家参考学习！

助力牙博士打造华东口腔连锁领导品牌，定位广告语是："牙齿有问题，就找牙博士！"

助力金太阳打造中国高中教辅领导品牌，定位广告语是："高考备考，用金太阳，提分更快！"

助力大悦打造中国盆底肌治疗仪领导品牌，定位广告语是："盆底肌松弛，用大悦盆底肌治疗仪！"

助力九三打造中国大豆油专家与领导者，定位广告语："好豆油，选九三，非转基因更安全！"

助力熊猫打造中国本土炼乳领导品牌，定位广告语："熊猫炼乳，小时候的味道，安全可追溯！"

助力慧兰打造中国时尚毛衣专家，定位广告语是："慧兰女装，中国毛衣专家；不变形，不起毛！"

助力版权家打造互联网版权登记领导品牌，定位广告语是："快速版权登记，就上版权家，只要 3 分钟！"

助力大秦地打造河南西北菜领导品牌，定位广告语是："吃地道西北菜，就到大秦地！"

助力小蓝帽打造中国增产药领导品牌，定位广告语是："小蓝帽增产药，治病才增产！"

总而言之，根据"徐雄俊精准定位九字诀：占品类、占特性、争第一"，品牌就是某个品类和特性的代表，做品牌的核心关键是要打造第一品牌，打造第一品牌的核心关键是抢占第一特性，所以我们这套定位方法体系对各行各业都非常实用。

上面讲到的这些品牌服务案例，主要是 2014 年我创立九德之后自己亲自操刀服务的案例，下面这些案例主要是我在自己创业之前曾参与服务过

精准定位

的一些品牌，也跟大家简单汇报一下。

助力六个核桃打造核桃乳领导品牌

10多年前我有幸参与了六个核桃的定位案例，六个核桃如何成为核桃乳的领导品牌？因为它抢占了第一特性是"健脑"，定位广告语是"经常用脑，多喝六个核桃"。然后早期我们帮它规划了很多广告歌，不断重复"经常用脑，多喝六个核桃"这个广告语，不断重复"健脑"这个第一特性。

另外，我们提出"六个核桃，六六大顺"这句精神层面的广告口号，"健脑"是物质财富，"六六大顺"是精神财富，六个核桃年销售额从3亿元快速增加到150亿元。

那时伊利、蒙牛、娃哈哈等中国很多大品牌都在模仿抄袭做核桃乳，但都被六个核桃给打趴下了，因为它的名字叫六个核桃，名字取得非常好，刚好"六个核桃，六六大顺"，其他所有做核桃乳竞争对手的名字都很难超越六个核桃，然后它的第一特性"健脑"非常精准有力。

助力加多宝凉茶从零到200亿元

加多宝和王老吉这两个品牌在2015年到2017年这几年的凉茶大战里，我们九德协助加多宝公司做定位公关传播写了很多定位公关文章，协助其摇旗呐喊，大家可以搜一搜"加多宝、王老吉、徐雄俊"就能看到我们写的很多公关文章。

加多宝当时的定位是"改了名的凉茶领导者"，因为那时候加多宝和广药集团打官司打得非常厉害，基本上是打10场官司加多宝输了9场，最后那一场可能是王老吉特意让它赢的。加多宝首先失去了王老吉商标，又失去了红罐包装，最后又连"怕上火"的广告语都不能说了。加多宝因此处在非常危险的崩溃边缘，但短短几年时间，加多宝通过这个定位，销售额从零快速做到200亿元，再创中国饮料传奇。

加多宝有两句经典广告语，一句是"怕上火，喝加多宝"，还有一句是

"招财进宝，喝加多宝"，"下火"是物质财富，"招财进宝"是精神财富。所以，我们总结出"最完美的品牌是物质财富加精神财富，物质定位加精神定位相结合"，例如，王老吉＝下火＋吉祥；加多宝＝下火＋招财进宝；六个核桃＝健脑＋顺；农夫山泉＝天然健康水＋好水旺财等。

助力劲霸打造商务休闲男装领导品牌

劲霸男装 20 年前和中国所有大而全的服装品牌一样，基本是所有品类都做，但每个品类都不一定很专业，是一个非常传统平庸的服装企业。重新定位而界定和聚焦的品类是夹克，定位成"以夹克为领先的商务休闲男装专家"，定位广告语是"专注夹克 35 年，更好版型，更好夹克"。于是，劲霸男装从众多中国服装品牌里面脱颖而出，成为中国夹克男装专家与领导者，并 10 年稳居中国休闲商务男装第一品牌。

助力唯品会打造中国第三大电商网站

我也有幸参与服务唯品会的定位案例，唯品会原来是借鉴法国的闪购而做的闪购网站，但在中国很多消费者都不知道什么叫闪购，更重要的是要回答唯品会与阿里和京东有什么差异化？您非买不可的购买理由是什么？

于是，我们为唯品会确定的定位是"一家专门做特卖的网站"，并聚焦主要做服装鞋帽品类。唯品会快速成为仅次于阿里和京东的第三大电商网站，唯品会的创始人也曾经被称为"马云最想见的人"。最终腾讯和京东入股成为唯品会最核心的战略股东，也创造了一个中国的互联网奇迹。当然，最后唯品会又被拼多多反超就是商战后话了，但唯品会的定位还是相对成功的。

助力好想你打造中国红枣领导品牌

10 多年前中国红枣行业的市场容量有 1000 多亿元，但处于"有品类无品牌"的品类发展初级阶段。于是，我们协助好想你做的定位是"健康零食，好想你枣，中国红枣领导品牌"，好想你的销售额从2亿元做到10多亿元，成为中国红枣上市第一股。

好想你枣的老板石聚彬同时也是一位诗人，写了很多关于红枣的诗，非常有情怀，好想你枣也成为整个中国的农业扶持代表和河南省的农业龙头标杆，并成为中国农产品打造品牌的经典成功案例。

助力老乡鸡打造中式快餐领导品牌

我也有幸参与服务老乡鸡的定位案例，首先我们协助老乡鸡把品牌名从"肥西老母鸡"改成"老乡鸡"，精准定位成"中式土鸡快餐领导品牌"，并占据"干净卫生"的定位特性，然后它的招牌菜界定成"肥西老母鸡汤"。它原来的招牌菜是"梅菜扣肉"，您可能会觉得很纠结，我们去一家叫"老乡鸡"的餐馆吃"梅菜扣肉"，因为"梅菜扣肉"是猪肉，与它叫"老乡鸡"这个品牌名字的心智是背道而驰的。

老乡鸡的成功关键首先是从改名开始的，这个改名案例也非常经典。因为很多女士都怕肥胖，如果去"肥西老母鸡"吃饭，会不会觉得自己马上要成为肥婆了？所以很多女士可能都不敢去肥西老母鸡，而且"肥西老母鸡"这个名字有严重的地域限制，而"老乡鸡"这个名字就马上解决了这两大认知弊端。通过这个改名和定位，经过10年发展，老乡鸡的销售额快速从1.5亿元做到近40亿元，门店从100多家快速增加到1000多家，并反超真功夫成为中式快餐真正的领导品牌。未来老乡鸡有机会从1000家店做到1万家店，并从全中国走向全球，不断赶超麦当劳、肯德基等"洋快餐"，我认为指日可待，这都是我们民族品牌的骄傲。

助力厨邦酱油打造中国酱油第二品牌

我们协助厨邦精准定位成"晒足180天的天然酱油"，厨邦酱油它之前的定位广告语是"厨邦酱油天然鲜，晒足180天"，因为"天然鲜"广告法不能说，后来改成："厨邦酱油美味鲜，晒足 180 天"。因为消费者心智认为"传统好酱油要晒足 180 天"，那厨邦酱油就第一个去抢占这个心智资源，海天、李锦记、加加等主要对手都没有占据这个心智，才给了厨邦这个品牌定位机会。

另外，厨邦酱油的成功也非常得益于它有一个神奇的超级符号，就是这个"绿色格子布"，并成为它 10 多年来非常强大的品牌符号，厨邦酱油这个包装设计就至少价值 1 亿元，每年至少为厨邦节省 3000 万元的广告费。于是，厨邦酱油的销售额从 10 亿元快速增加至 60 亿元，成为中国酱油的第二品牌。

助力世家拖把打造全球拖把第一品牌

我们协助世家拖把成为"畅销全球的拖把专家"，定位广告语是"世家拖把，拖把世家"，并且我们帮它做了一个清洁魔术师的超级符号。另外，那时候我专门帮世家拖把想了一个全球招商口号叫作"世家拖把，横扫全球"，一语双关，拖把本身就是扫，然后横扫全球，现在世家拖把确实已经畅销全球几十个国家，并成为全球拖把的专家与领导者。

后　记

活着就是为了振兴中国民族品牌

　　上面我们讲了很多服务案例，不管是上百亿级别的大企业，还是几千万和几个亿的中小企业，但永远是大道相同，大道至简。老子说："人法地，地法天，天法道，道法自然。"孟子说："合王道，王天下易如反掌，得民心者得天下。"

　　所有成功品牌都是符合万事万物成长壮大的大道规律，得人心的关键是要夺取消费者的心智资源，夺取心智资源最核心的关键就是要抢占第一特性。所以，品牌精准定位成功的关键是抢占第一心智特性，就是我反复说的方法论"第一特性打造第一品牌"。比如，王老吉和加多宝"下火"，美团外卖"快"、公牛插座"安全"、海底捞火锅"服务"、台铃电动车"跑得更远"等。

　　于是，我总结了精准定位九字诀"占品类、抢特性、争第一"。道生一，一生二，二生三，三生万物，最终所有的一切都是九九归一，三到二到一，这个九字诀如果九九归一就是一个"心"字，就是"心智"，就像王阳明的心学讲到的"心生万法，宇宙即我心，我心即宇宙"。

　　当然，如要系统高效打造第一品牌，我们也精心总结了"打造行业第一品牌18大步骤"。

　　①明确品类宗属；②品牌精准定位；③品牌命名；④品类命名；⑤定位广告语；⑥定位品牌故事；⑦定位信任状；⑧定位的产品标准；⑨超级符号视觉锤；⑩打造核心爆品；⑪界定原点人群；⑫界定竞争对手；⑬界

定原点渠道；⑭建立原点市场；⑮ 4P 定位配称；⑯战略聚焦；⑰定位公关；⑱成为品类代表。

通过这 18 步最终成为这个品类的专家与领导者，关于"打造行业第一品牌 18 大步骤"接下来我们也可以深入链接沟通，我的下一本书《打造第一品牌 18 步》也会专门详细系统地讲解汇报，预计在明年会正式出版，也敬请大家多多关注、阅读和批评指导。

在这里，借着上面我们服务的案例和我此时此刻的满腔热情，也跟大家分享一下我的人生大愿，我的人生定位是"人生只为王者师"，这就是我的人生理想。我认为营销咨询行业的本质就相当于古代的帝王师，我们像姜子牙、张良、诸葛亮这些军师一样，最大的人生价值就是一定要找到自己辅佐的明君贤主。

如此，我就需要找到更多有家国情怀、德才兼备的，致力于一起打造伟大民族品牌的优秀企业家来用心服务辅佐。所以，我毕生所愿就是能像"姜子牙辅佐周文王""张良辅佐刘邦""诸葛亮辅佐刘备""刘伯温辅助朱元璋"一样建功立业，这就是我的人生价值所在。除此之外，别无所求。

我也经常跟很多新老客户说："英雄最怕没有用武之地，一生报国无门，壮志难酬，郁郁而终。"未来我真心希望带领我的团队来服务全球范围的优秀华人企业家，一起在全球打造中国民族品牌，为我们的中国梦而助力。我们希望能为中国民族品牌商战来献计献策、摇旗呐喊和贡献力量。

梁启超有一句名言叫作"少年强，则国强；少年智，则国智；少年雄于地球，则国雄于地球"；我把它改一下，叫作"品牌强，则国强；品牌富，则国富；品牌雄于地球，则国雄于地球"。所以，我们中国要想顺利实现伟大民族复兴的中国梦，就需要千千万万的中国民族品牌进入世界民族之林，这样我们国家才能真正富强，我们也迫切希望能够辅助真正致力于打造伟大民族品牌的企业家，一起为中国民族品牌建功立业。

所以，我们的定位是"九德定位咨询，更精准的战略定位专家，专抓第一特性打造第一品牌，既做精准定位，又做超级符号"，我们把特劳特、里斯、华与华三大精髓与中国的"易儒释道法兵医史"思想结合在一起,加上我们自己的智慧,而这所有一切都是为了协助我们的民族企业打造强势品牌。

最后,我的人生大愿就是:"活着就是为了振兴中国民族品牌,活着就为中国品牌建功立业,死了也有思想和灵魂。"此大愿之心,至真至纯,天地日月可鉴!我由衷地希望能通过这些书籍文字、演讲视频,以及一切无形无相磁场能量的惺惺相惜,来更精准有效地连接到更多企业家客户和咨询合伙人,一起致力于为中国民族品牌争光。最后,再次感谢大家,向各位致敬,并向我们所有的民族企业家和营销同人致以我最崇高的敬意!